# 商界菁英搶著上的六堂藝術課

30幅全彩名畫×6大關鍵字×6大習作

扭轉框架限制，建立觀點，快速判斷，精準決策

末永幸步｜著
歐兆苓｜譯

suncolor
三采文化

# PROLOGUE

# 如何找到只屬於你的青蛙？

大家有去過美術館嗎？

請你們假裝自己來到美術館，試著「鑑賞」下一頁的畫作。

克勞德・莫內（1840 ～ 1926 年）

## 睡蓮

1906 年左右／畫布、油彩
大原美術館

以印象派中心人物著稱的莫內，用他最喜歡的水生植物——睡蓮為題，繪製了一系列光影隨季節、時間不斷變化的作品，這幅畫便是其中之一。
從沒有水岸和天空，而是大膽地只畫了水面的構圖當中，能夠感受到日本美術對他的影響。

## 我們連一幅畫都沒辦法好好欣賞

接著，我想問你們一個問題。

請問，你剛剛「看畫的時間」和「看下方解說的時間」，哪一個比較長？

我猜應該有很多人幾乎都在看解說吧？

可能還有一堆人因為嫌麻煩所以直接翻頁。

我自己在美術大學念書的時候就是如此。

雖然我經常去美術館參觀，但停留在每個作品上的時間頂多只有幾秒鐘，接著馬上看向作品旁邊的標題、製作年分或其他解說，看完就覺得自己好像懂了什麼。

現在想起來，**比起「鑑賞」作品，當時的我更像是為了「確認」作品資訊與作品本身是否一致而前往美術館的**。這種做法不但看不見原本可以看見的東西，也感受不到本來可以感受到的事物。

不過，仔細鑑賞一個作品意外地難。有時候明明想要認真看，腦袋卻漸漸變得一片空白，思緒不知不覺就飄到了其他地方。就算把能激發想像力的藝術作品擺在面前，如果你是這樣鑑賞作品，之後的結果可想而知。

**與「屬於自己的觀點和思維」完全搭不上邊，只接觸到事物的表面，就自以為了解了全部，並對真正的重點視而不見**——我想絕大多數的人應該都是這樣的吧。

……可是，這樣子真的好嗎？

## 大人從《睡蓮》裡找不到的東西

「有青蛙。」

在岡山縣的大原美術館，曾經有一個四歲的小男生指著莫內的《睡蓮》這麼說[1]。

**請問你們有在剛才那幅畫裡發現青蛙嗎？**

雖然對特地翻回前面找青蛙的讀者有點不好意思，事實上，這幅畫裡不但沒有青蛙，而且在莫內的《睡蓮》系列作品當中，沒有任何一幅畫出青蛙。

在場的館員當然知道畫裡面沒有青蛙，不過他還是詢問小男生：「咦？在哪裡？」

結果，那個小男生回答：「現在潛在水裡。」

我認為這才是真正意義上的藝術鑑賞。

那名小男生沒有試圖從作品名稱或解說等既有的資訊裡找出正確答案，而是**用獨到的觀點理解作品，創造只屬於他的答案**。

聽了他的回答，大家有什麼感覺？

覺得很無聊？還是很幼稚？

可是，**無論是經營生意、鑽研學問乃至於整個人生，不都只有這些觀點獨到的人，才能夠功成名就、掌握幸福嗎？就連面對一幅畫都拿不出屬於自己的答案的人，真的能夠在瞬息萬變、錯綜複雜的現實世界裡創造出某種價值嗎？**

## 國中生討厭的科目第一名竟然是美術？

大家好，歡迎來到《商界菁英搶著上的六堂藝術課》！我叫末永幸步，在國、公立的國中和高中擔任美術老師。

雖然有點突然，但我想請問大家，你們對美術這門科目的印象是什麼？已經是成年人的讀者，請你們回想一下自己的學生時代。

「我本來就不會畫畫，所以不太喜歡美術課……」

「我可能沒什麼美感吧？成績一直都是中下程度。」

「我覺得這個科目對將來的人生沒有幫助……」

我從許多人口中得到類似這樣的答案，身為老師的我覺得相當感慨。

話說回來，這種覺得自己不擅長美術的心態是從哪裡來的呢？其實，**我成立了一個假說：這種心態的分歧點正是十三歲**。

請見下一頁的表格，這是我根據小學生和國中生喜歡科目的調查結果所製

中小學生喜歡的科目

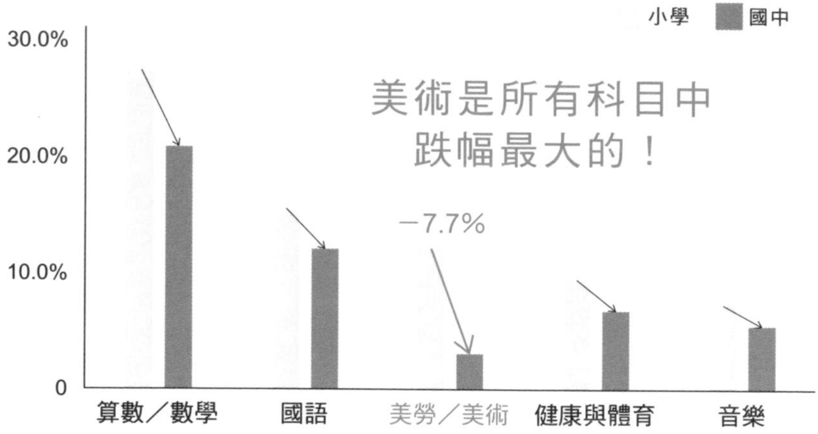


作的圖表[2]。我們可以看到：小學的美勞是第三受歡迎的科目，但一變成國中的美術，受歡迎的程度卻大幅滑落。

如果把觀察重點放在從小學到國中的變化，**下滑幅度在所有科目當中名列第一的竟然是美術！**如此我們便能推論：很有可能在十三歲的這個時間點，突然增加了很多討厭美術的學生。

大家是不是也想到了什麼呢？

「上國中之後的第一個美術作業是畫自畫像，但是和美術社的同學相比，我的畫又醜又無力，讓我覺得無地自容……」

「我其他科目的成績都還不錯，唯有美術總是差強人意。在不曉得評分標準的情況下拿到低分的感覺很差，只能認為是自己沒有藝術天分吧。」

「期末考前老師突然開始教起美術史，要我們死背所有的作品名稱。到底有什麼意義啊？」

這樣的情況至今依舊。身為一名教職員觀察到的教學現狀來看，著重繪畫和工藝技術，以及過去藝術作品相關知識的課程仍然占了一大半。

畫圖、勞作和學習藝術作品的知識——這種教學方式乍看好像是在培養學生的創造力，事實上卻反而奪走了他們每個人的原創性。

**這種偏重技術和知識的教學方式，應該就是讓大家在升上國中以後覺得自己不擅長美術的元凶吧。**

## 美術是大人最該優先砍掉重練的科目

**「每個孩子都是藝術家，問題在於如何在成為大人之後還能繼續當藝術家。」**

這是帕勃羅・畢卡索（Pablo Picasso）的名言。正如他所說，我們每個人本該都有與生俱來的藝術天分，能夠從《睡蓮》裡找到屬於自己的青蛙。

然而，在成年以後繼續當藝術家的人卻少之又少，大多都在十三歲這個分歧點失去了找到青蛙的能力。**更嚴重的是，我們甚至對喪失屬於自己的觀點和思維這件事情毫無自覺**。

參觀蔚為話題的特展，就覺得鑑賞過繪畫；在評價很高的店裡用餐，就覺得享用過美食；瀏覽網路新聞或社群媒體上的文章，就覺得了解了全世界；用LINE發送訊息，就覺得和別人聊過天；抑或是在工作或日常生活當中，覺得自己做了某種選擇或決定。然而，**這些行為裡真的存在你自己的觀點嗎？**

有鑑於這樣的危機感，**藝術性思考在大人的學習領域中也被提出來重新檢視**。有些人稱之為「藝術思考」（Art Thinking），在商業界認真摸索著畢卡索口中成為大人後繼續當藝術家的方法。

不過，**像藝術家一樣思考是什麼意思呢？**就結論來說，藝術並不是畫出好看的畫、做出美麗的工藝品或是能夠對歷史名畫的知識背景朗朗上口。

藝術家在把作品實際呈現在眾人面前的過程當中，會做以下三件事：

**①用獨到的觀點洞察世界。**
**②創造屬於自己的答案。**
**③從答案衍生出新的疑問。**

藝術思考正是指這樣的思考過程，是一種以獨到觀點看事情，創造屬於自我答案的方法。說得更簡單一點，就是**找到屬於你自己的青蛙的方法**。

因此，我們在美術課要學的不是製作作品的方法，而是讓學生學習藝術思考，這才是美術課的原有功能。

就這層意義來說，**美術是現在大人最該優先砍掉重練的科目**——雖然大家可能會覺得我這麼說只因為我是美術老師，但我是真心這麼認為的。

## 重返十三歲，更新思考作業系統

因為意識到這個問題，我在自己負責的國高中的美術課上，鮮少指導學生製作作品的技術，或要求他們背誦美術史的專業術語，即便是在讓他們實際動手創作時，我也會把重點放在教他們找到屬於自己的觀點和思維。

截至目前為止，已經有超過七百名以上的國高中生體驗過我的藝術思考課。拜大家所賜，我從很多學生那裡收到了正面的回饋：「**美術竟然可以這麼有趣！**」、「**我學到了一輩子都受用的思考方式！**」

這本書是將我平時上課內容升級後的體驗型作品。雖然內容是美術課的教材，但是成人讀者也可以享受其中；更正確地來說，**如果能讓成人讀者回到十**

**三歲這個分歧點，體驗美術真正的樂趣所在，也是我個人的心願。**

當然，我也希望目前正在就讀國高中的同學們務必閱讀本書；而如果是已經有孩子的讀者，我也推薦針對本書的內容進行一場親子談話。

那麼，藝術思考課準備開始上課嘍！

首先，作為正式開始之前的導讀（ORIENTATION），我想再繼續聊一聊藝術思考是什麼，方便大家理解後續的課程內容。

在這裡先進行一段預告，覺得很簡單的讀者可以試著想像看看。

現在，你眼前盛開著一朵小小的蒲公英，這朵蒲公英是什麼模樣？

請用五秒鐘盡可能想像出一朵完整的蒲公英。

CONTENTS

## PROLOGUE 如何找到只屬於你的青蛙？

ORIENTATION

# 什麼是藝術思考？
## ——名為藝術的植物

## CLASS 1
# 什麼是好看的作品？
## ——藝術思考的開端

## CLASS 2 什麼是「寫實」？——眼中世界的謊言

## CLASS 3
# 藝術作品怎麼看？
## ——激發想像力的事物

## CLASS 4

# 藝術的常識是什麼？——從視覺到思考

## CLASS 5 我們究竟看到了什麼？——窗戶和地板的思考實驗

## EPILOGUE 有愛之人的藝術思考

# ORIENTATION

## 什麼是藝術思考？

### ── 名為藝術的植物

## 我們無意識忽略的觀點——蒲公英思考實驗

在序章最後，我請各位盡可能在腦中想像出一朵完整的蒲公英。大家實際實驗過了嗎？

如果剛剛直接跳過的人，從現在開始只花五秒就好，請你們試著在心裡想像出一朵蒲公英。

＊＊＊

想好了嗎？我猜**大多數人想到的應該都是「從地面探出頭來的鮮黃色小花」**吧？

其實，這只是蒲公英的一小部分。請大家再發揮多一點的想像力，試著想像地面下的樣子。

地面下有蒲公英伸出的根，像牛蒡一樣又粗又直，長度更是讓人不禁懷疑自己的眼睛，聽說有些甚至能長達一公尺……

我們再從另一個角度來看。

大家知道蒲公英一年的花期有多長嗎？雖然給人隨時綻放在路邊的印象，但是可以看到花的時間，一年之中只有短短的一個禮拜。

在初春結束短暫花期的蒲公英會迅速凋謝，大約在一個月後變成絨毛，春末當種子全部乘風而去以後，在夏天會只留下根部，從地面上完全消失，入秋時只有葉子會冒出頭來，並保持這個模樣度過冬季。

沒錯，你剛才想像的「開著小黃花的蒲公英」，其實只是從一株又大又多變的植物身上擷取了某個瞬間的一小部分。**不論是在時間上還是空間上，占據蒲公英最多的部分其實位於眼睛看不到的地底。**

## 構成藝術思考的三要素

所謂的藝術就像是蒲公英，因此我想把藝術比喻成一株植物，這個部分會有點長，希望大家可以耐心看完。

「藝術植物」有別於蒲公英，它的外型非常神奇。首先，它在地面上的部分是一朵花，相當於藝術的「**作品**」。這些花的顏色及形狀沒有任何規則性或共通點，種類豐富多變，有些巨大而奇特，有些則是小小的不太起眼。

然而，每朵花都有一個相同之處，那就是它們都好似被朝露沾濕了一般，個個朝氣蓬勃，熠熠生輝。

本書將這種花稱為「表現之花」。在這株植物根部有一顆又大又圓的種子，大小相當於一個拳頭，呈現五顏六色交雜的奇異色彩。

這顆種子裡面裝著**興趣**、**好奇心還有疑問**。作為藝術活動的源頭，我想把這顆種子稱為「興趣種子」。

藝術植物

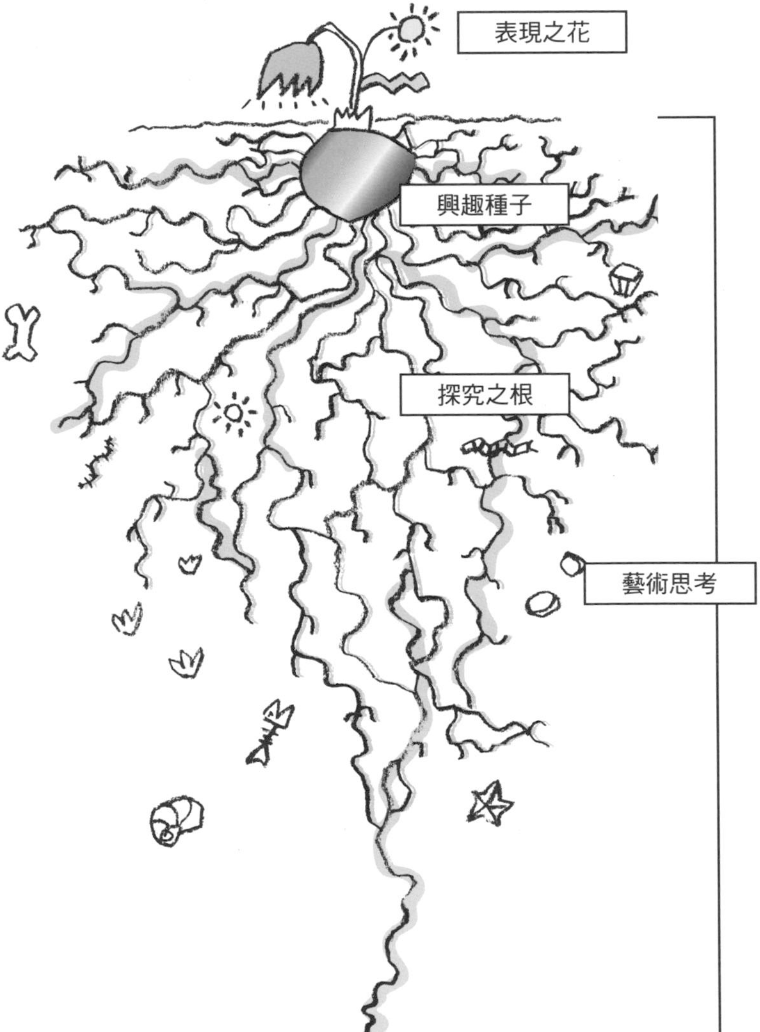

接著，從興趣種子伸出無數的根，巨大根部向四面八方舒展延伸，模樣好不壯觀。這些根錯綜複雜地糾結纏繞，雖然看似毫無章法，實則會在地底深處結成一束。

這些根是「探究之根」，代表藝術作品誕生前的漫長探究過程。

藝術植物由表現之花、興趣種子和探究之根這三部分組合而成。可是和蒲公英一樣，**在空間和時間上占據這株植物最多的，不是眼睛看得到的表現之花，而是不曾露出地面的探究之根**。對藝術而言，其本質在於作品誕生之前的過程。

因此，目前依然在教畫圖、勞作和作品相關知識的美術課，等於是只把焦點集中於僅在藝術植物上占了一小部分的花而已。

我聽一些人說，他們即使到美術館參觀藝術作品，也是「有看沒有懂」、「除了『好美』或『好厲害』以外無話可說」，或是「只能講出以前不知道在哪裡吸收到的相關知識」，讓他們很傷腦筋。這種情況或許是因為日本的教育長久以來都不重視讓孩子們發展探究之根所致。

不論畫得多好、製作精巧作品的手藝有多高超，又或是設計有多新穎，這些終究都只是花。如果沒有根，花馬上就會枯萎凋零。只有作品的藝術稱不上是真正的藝術。

## 熱衷於根源探究的人——真正的藝術家

我們再繼續看一下藝術植物的生態。它的養分是沉睡在你我內心深處的興趣，以及個人的好奇心和疑問。**藝術植物的一切全都始於興趣種子**，從種子生根要花上幾天、幾個月，有時甚至是好幾年的時間。

從這顆種子生出的探究之根絕對不止一條，而是隨著好奇心恣意生長，每一條的粗細、長短和生長方向都不一樣，不規則地彎來彎去，盤根錯節。探究之根靠著種子送來的養分，耗費漫長的時間在地底成長茁壯。

藝術活動的原動力終究是自己，而非為了達到他人設定的目標。當藝術植物在地底慢慢扎根時，地面上陸續有其他人開出了美麗的花，有些開得獨樹一格，讓人嘖嘖稱奇；有些開得絢麗斑斕，令人讚不絕口。

然而，**藝術植物絲毫不在意地面上的流行、批評或環境變遷，在無關乎這些是非紛擾的地方，心無旁騖地熱衷於地底冒險**。不可思議的是，這些長得毫無脈絡可循的根，卻會有如事先計畫好的一樣，在某時某地結成一束。

接著，當這些根合而為一在一個無人預料到的瞬間，表現之花倏然綻放，雖然大小、顏色和形狀不盡相同，卻比地上的任何一朵花都還要凜然耀眼。以上就是藝術植物的生態。窮盡一生培育這株植物的人才算得上是真正的藝術家。

不過，藝術家其實對讓植物開花這件事情沒什麼興趣。他們反而醉心於讓植物的根四處蔓延，享受著這段過程。**因為他們知道對於藝術植物來說，花只不過是結果而已**。

## 和藝術思考貌同實異的人——花匠之路

我想再稍微繼續打個比方。除了有作為藝術家而活的人之外，世界上還有一種人，他們只培養沒有種子和根的花，本書將他們稱為花匠。

花匠和藝術家之間決定性的不同，在於他們會無意識地按照他人設定的目標培育花朵。他們為了學習前人開發的種花技術及相關知識，接受長時間的訓練，並在畢業後為了對這些技術進行改良和再製而辛勤工作。

在花匠當中也不乏因為種出漂亮花朵而受到表揚的人。然而，再精緻的花也宛如蠟雕般了無生氣。就算以花匠的身分取得成就，出現用更快、更精巧的手藝栽培出類似花朵的花匠也只是時間問題。屆時，只會既有種花技術和知識的他們便束手無策了。

話雖如此，也不是每個人都是打從一開始就立志成為花匠，也有很多人曾經試著從自己的興趣種子伸出探究之根，卻在中途改以花匠為目標。

這是因為讓探究之根成長不但需要耗費大量的時間和精力，也沒有人可以保證只要〇〇〇就一定會開花。當你專注在扎根時，身邊的花匠紛紛種出美麗花朵，在地上小有成就。幾乎大部分的人都會放棄長到一半的根，選擇踏上花匠之路。

**藝術家和花匠雖然在種花這點看起來非常相似，本質上卻迥然不同。**找到自己心中的興趣種子，用心慢慢培育探究之根，偶爾開出獨一無二的表現之花——這種人才是貨真價實的藝術家。

一個人若能耐心扎根並成功開花，縱使因為季節變化而從地表消失，也能夠一次又一次地綻放出新的「表現之花」。

## 體現藝術性思考的智慧巨人

謝謝大家耐心讀完藝術植物的故事。雖然有點長，但這樣一來，大家應該對藝術和藝術家是什麼／不是什麼稍微有點概念了吧？

我提出這樣的比喻有兩個原因。第一個原因是**因為有太多人誤把藝術和藝術作品畫上等號**。正如先前所述，在藝術的範疇當中，作品只是探出地面的花；雖然表現之花最為顯眼，依然只不過是其中的一小部分。

另一個原因，是希望大家能夠對本書的主題藝術思考有具體的印象。

簡單來說，藝術思考指的是藝術植物埋在地底的部分——即興趣種子和探究之根。若要賦予它比較正式的定義，我們可以說：**藝術思考是根據自己內心的興趣，用獨到的觀點洞察世界，以自己的方法持續探究的行為**。

接著，我要問一個問題，請問大家知道上圖是誰的肖像畫嗎？我有兩個關於他的問題想要請教大家。

1 請問他是藝術家嗎？

2 你為什麼這麼認為？

大家應該知道他的名字吧？

沒錯，他就是李奧納多．達文西（Leonardo da Vinci，一四五二～一五一九）。

達文西活躍於文藝復興時期的義大利，以畫作《蒙娜麗莎》享譽盛名。一九七四年，東京國立博物館舉辦的「蒙娜麗莎展」據說在兩個月湧進了超過一五〇萬人次入場參觀[3]，可見他在日本也是一位家喻戶曉的偉大人物。

雖然特別重申有點奇怪，但**達文西是一位不折不扣的藝術家**。並不是因為他超級有名，也不是因為他在《蒙娜麗莎》等作品表現出卓越的繪畫功力。

達文西之所以能稱作藝術家，是因為他忠於自己的興趣種子，透過延伸探究之根，成功綻放出表現之花，是讓藝術植物成長茁壯的典型人物。

**達文西的興趣種子是理解肉眼所見的一切**。他不滿足於師傅教給他的繪畫技巧以及書中的知識，試著用自己的雙眼和雙手對自然界徹底調查，藉此了解世界上的森羅萬象。

「為什麼大海是藍色的？」、「雲的上面有什麼？」就像丟出這些不著邊際的疑問，讓大人傷透腦筋的孩子一樣，達文西跟隨自己的興趣，隨心所欲地伸展探究之根。

他的探究之根不僅止於藝術，甚至跨足科學領域。他解剖超過三十具人體，以大量的素描和研究探索人體構造；此外，早在萊特兄弟發明飛機的四個世紀前，他便埋頭分析昆蟲和鳥類的飛行原理；伽利略的地動說還沒出現，他就已經在自己的研究筆記裡表明「太陽永恆不動」，著實讓人嘆為觀止。

以上種種行為，正是**他根據自己內心的興趣，用獨到的觀點洞察世界，以自己的方法持續探究的藝術思考過程**。

驅使達文西的動力不是開出表現之花，而是延展探究之根的地底冒險。因此縱使他的素描和研究資料多達七千頁以上，生平實際完稿的畫作卻只有寥寥可數的九件[4]。

然而，以《蒙娜麗莎》為首的表現之花即便經歷了超過五百年以上的歲月，至今仍散發著獨特光芒，持續對世人造成影響。

## 每個人都曾經像藝術家一樣思考

但是讀到這邊，有些人是不是會這麼想呢？

「雖然我已經知道『藝術思考』很厲害了，可是我既不想成為藝術家，也沒有像達文西一樣的藝術天分啊……」

的確言之有理。但我想告訴大家，藝術思考不只對以畫家、雕刻家等狹義藝術家為志向的人有幫助，也不只有想從事設計師等創意工作的人才受用。除此之外，它也和與生俱來的才能或天分無關。

反應比較快的人應該已經發現，**關於藝術植物的描述絕對不只是在說藝術界而已了吧？**

- □ 你是否一直在種別人要你種的花？
- □ 你是否在培養探究之根的時候半途而廢？

## □ 你是否對自己內心的興趣種子置之不理？

這些問題適用在你每天的工作、學習，甚至是日常生活中的所有事。

前面介紹有個小男生在莫內的《睡蓮》發現青蛙的故事時（P.7），還記得我提過的這些問題嗎？

**「可是，無論是經營生意、鑽研學問乃至於整個人生，不都只有這些『觀點獨到』的人，才能夠功成名就、掌握幸福嗎？就連面對一幅靜態圖畫都拿不出『屬於自己的答案』的人，真的能夠在瞬息萬變、錯綜複雜的現實世界裡創造出某種價值嗎？」**

藝術思考正是為了獲得獨到的觀點以及屬於自己的答案的方法，在這個意義上，**藝術思考可以適用於每一個人**。

話雖如此，大家也不必緊張，因為就像畢卡索的那句「每個孩子都是藝術家」一樣，人人都有過實踐藝術思考的經驗，你一定也不例外。

請回想自己小時候，你在路邊看到一朵無名小花，蹲下來觀察它；你在附近發現一條沒看過的小徑，抱著不知道會通往何處的期待走進探險；你在家後面的田地看到一座和大人一樣高的沙丘，把那裡變成最棒的遊樂場。

就像個初次登陸地球的外星人，你一定也曾經用充滿好奇的目光，注視著各種微不足道的事物，並跟隨自己的興趣、好奇心或疑問，毫不猶豫地採取行動，試著找到屬於自己的答案。

然而，你在孩提時代擁有的興趣種子和成長到一半的探究之根不知何時失去了活力。雖然原因有很多，但我認為最大的因素是教育的影響。

**找回藝術思考一點也不難**。因為我們不用學習新的事物，只需要回到十三歲這個分歧點，回想自己曾經實踐過的事情就好——

## 從找出正確答案的能力到創造答案的能力

「可是事到如今，我們還有必要從小孩子的角度來理解世界嗎？」

「就算把美術學好，對社會也沒什麼太大的幫助吧？」

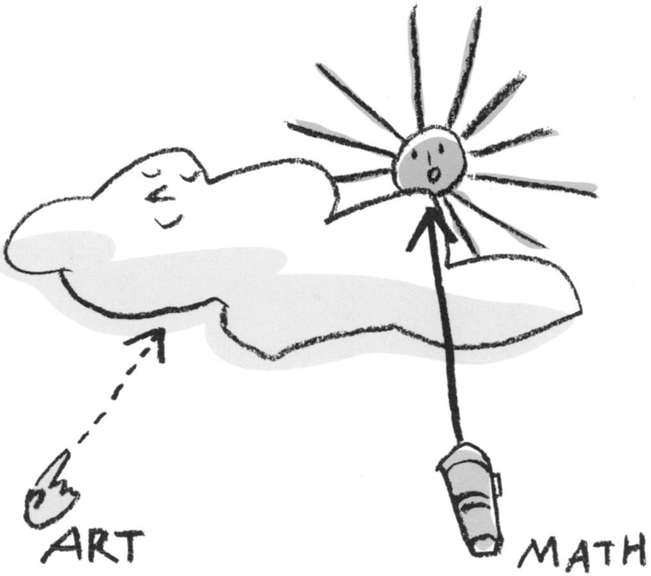


應該還有人心中存有這些疑問吧？所以在最後，我想要來談談你為什麼需要藝術思考。

為了讓大家更容易了解，以下我會用和美術完全相反的科目數學進行比較說明。在此事先聲明，我不是想主張不需要數學，只是為了方便理解才以數學為例，還請見諒。

首先，數學存在如太陽般明確的唯一解答。舉例來說，大家都知道一加一等於二是正確答案，不會有人懷疑：不，搞不好一加一等於五喔……

雖然尚未找到解答的問題堆

積如山，但這門科目的基本規則是一定存在堅不可摧的正確答案。數學要培養的是「**找到正確答案（＝太陽）的能力**」。

另一方面，美術（藝術）和數學截然不同。如果說數學追求的是太陽，那麼美術追求的就是雲。雖然太陽的位置恆久不變，但飄浮在天上的雲不但形狀瞬息萬變，也不會一直停在某個地方。藝術家經過探究後得到的屬於自己的答案本就沒有固定形狀，而是會隨觀者或時代的不同而變幻出無限多種可能。

「有大象！」、「咦？又像是巨人。」、「啊！變成小鳥了！」，小孩子不是會不厭其煩地仰望天上的雲朵，蹦出一個又一個屬於自己的答案嗎？**美術這門科目的根本目的，是要讓學生養成「創造屬於自己的答案（＝雲）的能力」**。

以往前者在全世界獲得壓倒性的支持，數學往往被納入升學考試的科目當中，但是除了少數科系以外沒有學校會要求美術成績。

然而，社會大眾開始逐漸意識到這樣是不夠的；造成這種轉變的背景因素，是被稱為「VUCA World」的現代社會潮流。

「ＶＵＣＡ」是由Volatility（易變性）、Uncertainty（不確定性）、

Complexity（複雜性）、Ambiguity（模糊性）這四個單字的字首組成的新詞，意思是由於每一種變化的幅度、速度和方向都不盡相同，導致世界的未來發展難以預測[5]。

「『循著鋪好的軌道走，必定能獲得成功。』這樣的常識已經不適用於現代社會了。」我們從以前就經常在各處聽到這樣的警語，因此近十年來順應時代變遷，迅速調整，並找到全新的正確答案成為人們傳誦的新準則。

但是在如今的VUCA時代，就連這個新準則也不再管用，因為無論我們再怎麼努力想迎頭趕上，世界變化的速度卻總是讓我們望塵莫及，一個小小的科技發明就讓世界的結構為之顛覆，這種情況也已經屢見不鮮。

**因應世界的每一次變化找到新的正確答案已經是不可能、也沒有意義的事了。**而百歲時代更是為這種情況雪上加霜，我們不得不在未來漫長的人生路上持續面對如此不透明的世界。

這個問題對孩子們來說尤其嚴重，甚至還有一份報告指出：「二〇〇七年出生的日本孩童，有半數會活到超過一〇七歲。」[6]在我撰寫這本書的二〇二〇年剛好是十三歲的人，會在二十二世紀的西元二一一四年成長到一〇七歲。

我們能夠預測屆時世界會變成什麼樣子嗎？

當然，這對大人來說也是一樣，因為我們不能再期待只要這麼做就好或這才是對的等等能如此斷言的正確答案。活在這種時代下的我們已經無法只靠找到太陽的能力繼續存活，而是**在人生各種局面創造屬於自己的雲的能力開始備受考驗**。

為了獲得這個能力，美術是最合適的科目。**因此我相信不論對小孩還是對大人來說，現在最該優先學習的科目不是其他，正是美術！**

## 精選六個二十世紀的藝術作品

大家應該對藝術思考比較有概念了吧？還是覺得不太清楚的人也不必擔心。接下來的藝術思考課我將以藝術作品為題材，讓大家體驗藝術家們在創造屬於自己的答案時所經歷的藝術思考過程。

只不過本書所介紹的作品數量或許並不符合各位的期待。**我主要會舉出六個在二十世紀誕生的藝術作品**，而之所以這麼安排有兩個原因。

第一個原因是關於為什麼只有六個作品。目前市面上一些有別於專業叢書或美術書籍的大眾圖書也會介紹眾多精美的藝術品，主張人們應培養橫跨多領域的人文素養。

可是讀到這邊的讀者們應該都知道，**藝術思考的本質並不在於藉由接觸大量作品與學習背景知識來充實個人的人文素養**。本書想分享給大家的方法，只是教大家把單一藝術作品當成切入點，讓探究之根穩穩扎根，從而創造出屬於自己的答案。

因此，本書不會一口氣把很多作品塞給大家，而是透過精挑細選的六個作品，讓大家進行一番腦力激盪。

另一個原因則是關於為什麼是二十世紀的作品。因為我認為在藝術史的長河之中，唯有二十世紀的作品最適合作為培養藝術思考的題材。

縱觀西洋美術的主要發展脈絡，從始於十四世紀的文藝復興到二十世紀為止，在這段長達五百年的時間問世的作品（＝花）當然多不勝數。

但如果從現代回過頭來看，我們可以發現：這些作品幾乎都追求著某個目標，而且這個目標不是源自於藝術家們內心的興趣種子，而是受到外在環境的影響。

可是在進入二十世紀以後，情況卻不一樣了；十九世紀出現的某樣東西的普及大大衝擊了藝術家們過去爭相角逐的目標。自此以後，發掘自己內心的興趣種子，從種子伸出探究之根，藉此開出表現之花——二十世紀的藝術家們開始有意識地進行這些步驟。也就是說，**我們可以從二十世紀的藝術家身上清楚辨識出藝術思考的痕跡**。

另外，關於是哪六個作品，在這裡先賣個關子。有些是大家耳熟能詳的世界名作，有些則會讓人驚訝地大喊：「這是什麼！」

＊＊＊

在導讀的最後，我想簡單說明一下本書的授課方式。

本書一共分成六堂課，每堂課會按年代順序挑出一件二十世紀的作品，請各位一起思考課堂上提出的問題。由於上課一律都採用問答形式，請假裝自己回到十三歲，和其他學生一起體驗鍛鍊藝術思考的過程。

此外，我在每節課的後半部安排了另一個視角的單元，讓各位從不同角度深入了解在前半部學到的內容。在課堂的開始或中間除了有讓大家實際操作的習作單元動手做做看之外，還有許多各式各樣的提問羅列其中。

本書的目的不是要大家把藝術思考的方法單純當成知識死記，而是讓各位親身體驗誕生答案的過程，所以請不要跳過任何一個單元，試著挑戰「動手做做看」的部分，並用心思考每一個問題吧。為了讓「動手做做看」順利進行，建議各位讀者事先準備好紙筆。

好，那我們要正式開始上課嘍！

我之前提過：在二十世紀普及的某樣東西大大改變了藝術家們所處的環境（P.48）。**在某種意義上，我們或許可以把這起事件視為一切的開端。這裡的某樣東西是什麼呢？**我將在第一堂課說明。

# CLASS 1

# 什麼是好看的作品？

## ——藝術思考的開端

## 畫出一幅好看的自畫像

你在欣賞藝術作品時，有沒有曾經覺得某個作品很好看呢？回答有的人，相信你們都有過很棒的鑑賞經驗。當然，回答好像沒有的人，也請你們放心繼續聽課。

話說回來，**所謂好看的藝術作品究竟是什麼？**一個作品要具備哪些要素，才會得到很好看、很棒等評價呢？因此在第一課，我想從「什麼是好看的作品」這個問題展開探究的冒險。

首先，為了讓各位在思考時能切身體會，我準備了一個習作，請務必實際做做看。

動手做做看

## 畫一幅自畫像

請準備一枝鉛筆、一張紙和一面鏡子，

畫一幅自畫像。

我不會提供任何技術方面的建議，

請用自己的方法畫下自己的臉。

沒有紙的人可以直接畫在本書的空白頁。

那麼，動手做做看吧！

大家辛苦了。畫得怎麼樣呢？——雖然很想這麼問，但是大部分的人應該都沒有動手畫圖就直接翻到這一頁了，對吧？

就算屏除正在搭車或是沒有鏡子或筆這些物理上的限制，如果不是非常喜歡畫圖或比較認真的人，應該不會按照上一頁的指示畫自畫像吧。

話又說回來，在看到畫自畫像的習作時，你們的心情如何？

「我覺得很煩、很討厭。」

「我沒有自信，覺得自己一定畫得很差……」

「突然要我畫自己，一下子不知道該怎麼辦。」

**制止你的手不讓你畫圖的，或許是你認為自己不擅長藝術的心理因素。**事實上，對畫圖抱有自卑感或負面印象的人不在少數。

## 你覺得哪張畫最好看？　→　為什麼？

1

2

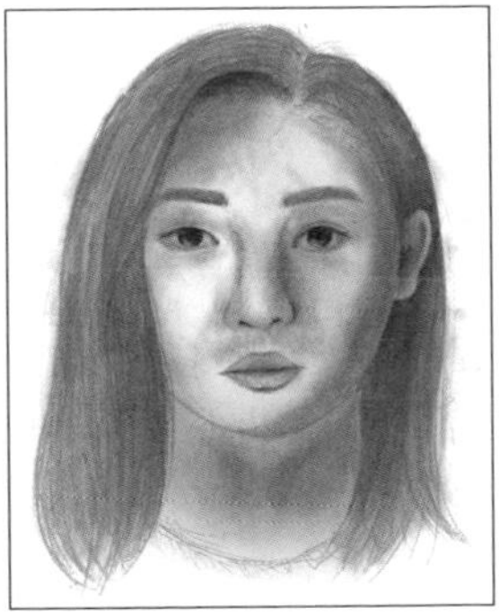
3

4

5

6

## 好看的畫是怎麼選出來的？

請剛才跳過習作的人也一起看一下其他人畫的自畫像，我在下一頁挑選了六個學生的作品，請你們按照以下這兩個步驟來鑑賞。

1 請從這六張自畫像當中選出一張你覺得最好看的圖，在上面畫圈。

1 請說明為什麼你覺得這張圖很好看。

這邊的重點在於第二個步驟。

就算只是憑感覺挑了一張圖，透過具體思考「為什麼覺得好看」、「覺得哪裡好看」這些問題，便能了解你現在是以什麼為標準在觀賞藝術作品。

那麼，請選擇！

我們來看一下大家選出來的結果，**最多人選的作品是第③號以及第⑥號**。

我們請教了選擇第③號的人為什麼選了這張作品。

「五官畫得很正確，一看就知道是在畫誰。」

「重現度很高，頭髮、睫毛和眉毛都一根一根地畫出來，我也很喜歡黑眼珠中間反光的部分。」

「很會用鉛筆，把影子畫得很好，所以臉的輪廓和鼻子看起來很立體。」

你選了哪一張畫？**在選的時候，你把什麼作為判斷好不好看的標準？**

這個標準就是你現在看事情的觀點，可是如果我說其實還有另一種完全不同的觀點呢？

## 《綠條紋的馬諦斯夫人》真的畫得好嗎？

我們暫時不管自畫像，先來介紹某位藝術家的作品。

亨利・馬諦斯（1913 年）

這是人稱「**開拓二十世紀的先驅藝術家**」——亨利・馬諦斯（Henri Matisse，一八六九～一九五四）的創作。

我們現在要看的是在一九〇五年發表的《綠條紋的馬諦斯夫人》，這幅畫奠定了馬諦斯今日的評價，亦被視為他的代表作之一。畫布長四十・五公分，寬三十二・五公分，算是比較小的作品，以油彩繪製而成。

我剛才請大家畫自畫像，而馬諦斯的這幅畫則是妻子的肖像。

那麼，我們馬上來看看這幅畫吧。

馬諦斯在一八六九年生於法國北部的鄉村地區，在巴黎的大學攻讀法律，並任職於一間法律事務所。他在二十歲時對藝術產生了興趣，起因是他的母親為他準備了畫具，讓因為闌尾炎住院療養的他用來打發時間。

後來，他在一所名為朱利安學院（Académie Julian）的美術學校從基礎開始學習油畫，直到二十世紀中去世之前，為世界帶來了許多作品。

可是看到馬諦斯的畫，你們有什麼感覺？有覺得他畫得很棒嗎？儘管有些人可能會害怕講錯話被同學笑，不過，還是先請你們把自己看到或感受到的事物直接說出來吧。

「聽說他是很厲害的畫家，所以我很期待。但說實話他沒有畫得很好……」

「感覺畫得很隨便……」

「雖然畫的是女性，但看起來好像男人的臉。」

「馬諦斯的太太被畫成這樣沒有生氣嗎？」

「我不太喜歡他的用色風格。」

大家的感想好像和這幅畫現在的評價差很多喔。

## 輸出會提高鑑賞品質

各位剛才欣賞《綠條紋的馬諦斯夫人》時大概看了多久？認真看畫的時間大約有幾秒鐘呢？

為了確認這一點，我要出一個題目考考大家：

**請問，馬諦斯夫人的眉毛是什麼顏色？**

回答黑色的人，很可惜你們答錯了。

回答完全不記得或對眉毛的顏色沒什麼印象的人，你們應該只看了一、兩秒就翻頁了吧？（想知道答案的人請自行翻回前面確認。）

用自己的感官接觸作品是找回屬於自己的答案的第一步。不過，就像我在序章時說過，認真看一個作品其實意外地難，大部分的人即使去美術館，也只會想要從作品的標題或解說裡找到答案。

這種時候，我建議大家進行「**輸出鑑賞**」，這個方法會在後面的內容中一直出現。輸出鑑賞的做法非常簡單，**只要看著作品，把你的發現和感想說出來或寫在紙上就可以了**。

以《綠條紋的馬諦斯夫人》為例，我們可以從「畫裡有一個人」、「背景分別是綠色、粉紅色和紅色」這些任何人看了都一目了然的地方開始。

或許你們會覺得：「為什麼要說這些廢話啊？」可是透過一連串的輸出，我們可以比默默盯著一幅畫看得更加仔細，搞不好還會發現她的眉毛是藍色和綠色也說不定。

和別人一起進行輸出鑑賞會更有趣喔！因為可以從對方的觀點裡找到新的發現，還能刺激我們思考自己根本不會想到的事。

## 有如當眾羞辱妻子的肖像畫

接著，就請你們再看著《綠條紋的馬諦斯夫人》，一邊注意以下幾點，一邊進行輸出鑑賞吧。

□ 有什麼讓你在意的顏色嗎？

□ 你對形狀和輪廓有什麼感想？

□ 他的筆觸有什麼特徵嗎？

「嗯——鼻梁是綠色的，就跟標題一樣……」

「背景有三種顏色，綠色、粉紅色和紅色。」

「背景的顏色切換很不自然。」

「左右臉的顏色不同，右邊偏粉紅色，左邊偏黃綠色。」

「左右兩邊的上色方法是不是也不一樣？右半邊很粗糙，有留下筆觸，左半邊很平滑。」

「右半邊的皮膚不好，左半邊比較健康。」

「右半邊是以前很窮的時候，左半邊是現在生活富裕的時候。」

「還是反過來，右半邊是垂垂老矣的現在，左半邊是年輕貌美的當年。」

「右半邊是化妝前，左半邊是化妝後？」

「右半邊在生氣，左半邊很沉穩。左邊嘴角微微上揚，看起來好像在微笑。」

「左右臉的五官不對稱。」

「臉、脖子和身體的位置好像不太自然，是因為姿勢太端正嗎？」

「上色很隨便，留下很多筆觸。」

「我覺得這幅畫強而有力，顏色和上色方法都是。」

「白色的底色在畫中隨處可見，是沒畫好嗎……？」

「額頭有橫向的筆觸，看起來像不像皺紋？」

「右半臉看起來累壞了，黑眼圈好重……」

「眼睛上面也有陰影，可能只是輪廓比較深吧？」

「明明在當繪畫模特兒，可是她看起來好像在生氣。」

「馬諦斯為什麼要把自己的太太畫成這樣子呢？」

「感覺很像男生，如果用手把頭髮的部分遮住，看起來幾乎就是男的。」

「髮型根本就是古代的日本武士。」

「頭髮是一整塊的，沒有畫出半根頭髮。」

「髮際的紅線莫名讓人很在意……」

「頭髮是藍色，不是黑色。」

「眉毛是藍色和綠色的。」

「仔細一看，連輪廓線也是藍色的吔。」

「有些地方有輪廓線，有些地方沒有。」

「因為輪廓線是直的，所以給人很強勢的感覺嗎？」

「左右背景和左右臉的顏色相反。你看，背景左邊是紅色系，但臉的右邊才是紅色系。」

「黑眼珠和衣服花紋的顏色也和背景的顏色呼應。」

「大略區分的話，這幅畫只用了紅、綠、藍三種顏色！」

「真的吔！我一開始還以為他用了好幾種顏色的說。」

輸出鑑賞的成效如何呢？至少跟你第一次看到這幅畫的時候相比，應該看得比較仔細了吧？可是，你們不會越看越懷疑這幅畫真的出自「開拓二十世紀的先驅藝術家」之手，而且還是他的代表作嗎？

平心而論，這幅畫無論顏色、形狀和上色方法都沒有任何可取之處，尤其用色方面更是亂七八糟。甚至會讓人覺得：「如果是這種程度，畫得比他更好的人應該比比皆是吧！」

當時的評論家看到這幅像是在強調馬諦斯夫人慘澹側臉的畫，甚至還譏諷這是對她的當眾侮辱[7]。**不過馬諦斯到底為什麼要把自己的妻子畫成這樣呢？**

為了解開這個謎題，我們必須把西洋繪畫史再回推五百年左右。還請各位放心，因為這堂課的目的不是為了學習美術史，所以我會盡量用比較淺顯易懂的方式說明伸展探究之根時所需的重點。

此外，由於接下來的內容不光是對《綠條紋的馬諦斯夫人》的解釋，也是為了讓各位更夠能融入後續課程的基礎，還請大家耐心看完。

## 文藝復興畫家與二十世紀藝術家的差別

從馬諦斯的時代往回追溯五百年，時值文藝復興時期[8]，許多奠定西洋美術基礎的繪畫技巧都是在十四世紀開始的這段時期確立的。

看到文藝復興這四個字，大家有什麼印象？你們覺得這個時期的畫都在畫什麼呢？

「嗯——因為每個畫家都自由選擇想畫的主題，所以只要想得到的應該都應有盡有吧？」

**其實並非如此，文藝復興時期不存在畫家想畫什麼、就畫什麼這種觀念**。因為這種觀念一直到很久以後才真正定型[9]。我們下意識認為畫家都是自由奔放、我行我素的人，這種印象在當時絕非常態。

文藝復興時期的畫家主要受雇於教會和有錢人，並按照他們的委託作畫。所以與其說是藝術家，其實他們和接單製作家具或飾品的師傅一樣，都被當成

肖像畫（提齊安諾・維伽略《英國青年的肖像》1540～1545 年，帕拉提納美術館，佛羅倫斯。）

宗教畫（李奧納多・達文西《最後的晚餐》1495～1498 年，恩寵聖母教堂，米蘭。）

工匠。

在導讀介紹過的李奧納多・達文西也因為在文藝復興時期致力於提升畫家的地位而廣為人知，但就連他也不是現代社會定義的獨立藝術家，依舊處在受雇於教會和有錢人的立場。

那麼教會和有錢人都委託畫家畫些什麼呢？

首先，**教會要的當然是以基督教為主題的宗教畫**。直到十六世紀左右，歐洲除了少數的知識階級以外，幾乎沒有多少人能夠識字[10]。教會為了在這樣的時空背景下進一步宣揚基督教，採取了用繪畫重現《聖經》世界觀的視覺化手法。

將《聖經》的內容轉換成讓人彷彿身歷其境的繪畫作品，可以把教義的明確印象分享給更多人，這種做法應該遠比神職人員講道更有效吧。可能有人想過：「為什麼以前的畫有這麼多宗教畫？」其背後的原因就在這裡。

藝術家的另一種案主是有錢人，其中的代表人物當然就是**王公貴族**。王公貴族需要**肖像畫**，因為在當時能保留自身容貌的肖像畫是展現權威與權力所不可或缺的。

所以他們要的當然不是充滿藝術家個人特色的表現手法，而是栩栩如生且正確無誤的完美重現。另外，王公貴族之間除了以基督教為題的繪畫之外，**也很流行跟神話有關的作品**。

尤其古代地中海世界所孕育出的希臘神話史是文藝復興時期西方人的必備素養，他們認為擁有這些畫能夠彰顯持有者學識淵博。人們在這些畫裡追求充滿臨場感的表現，彷彿能讓亙古時代的故事重現於此時此地。

當時代邁入十七世紀，**有錢的市民成為會購**

神話作品（桑得羅・波提切利《維納斯的誕生》1483 年左右，烏菲茲美術館，佛羅倫斯。）

風景畫（楊・范・果衍《馬士河口》〔又名《多德雷赫特》〕1644 年，國立西洋美術館，東京。）

**買繪畫的富裕階級**。在這些人當中，反對天主教的偶像崇拜且勢力漸長的新教徒不喜歡宗教畫，此外比起以往需要豐富才學的主題，他們更偏好簡單並貼近生活的繪畫作品。

在經濟上獲得餘裕的市民除了肖像之外，**還喜歡以風景、日常生活或靜物為主題的作品**。然而他們的目的只不過是為了把生活或故鄉的某個景擷取下來並繪製成美麗的畫作封存。因此對於這些畫，人們追求的仍然是真實的表現。

## 所見如所畫的時代

文藝復興時期出現了許多優秀的畫家，他們孕育出的作品更是多如繁星。

但是，這些作品大多是應教會和有錢人的要求而畫。從這點來看很多當時的畫家比起真正的藝術家，更像是朝著他人設定的目標進行作業的花匠（P.35）。

而這些人一貫追求的目標，正是看起來栩栩如生的寫實表現。

畫家們針對如何把眼中的三維世界表現在二維畫布上進行了各種嘗試，並根據結果修正調整。他們在文藝復興時期的數百年間，循序漸進地發明了如「遠近法」等後來為西洋繪畫奠定基礎的方法，而後更逐步確立了將肉眼所見完美重現的理論。

在那之後，直到進入二十世紀為止，畫如所見一直都是讓畫家們醉心鑽研的課題。當然，在這段長達五百年的時間誕生的藝術作品五花八門，無法一概而論，但是追根究柢他們的目的都是一樣的[11]。

**對當時的大多數人來說，好看的畫就是要跟眼睛看到的一模一樣，這才是藝術的正確答案。**

## 破壞了藝術界秩序的「某樣東西」

進入二十世紀以後，藝術的存在意義受到根本性的衝擊。沒錯，這件事和我之前預告過的某樣東西有關，我在導讀的最後寫道：「在二十世紀普及的『某樣東西』大大改變了藝術家們所處的環境（P.49）。」

大家知道是什麼嗎？那就是**相機**。世界上的第一張照片拍攝於一八二六年，之後經過多次改良，到二十世紀初才逐漸在一般大眾之間普及。

可是，為什麼相機會影響藝術呢？大家應該已經知道答案了吧？相機能快速且正確無誤地複製現實世界，也不太需要什麼熟練的技巧。**相機的出現導致畫如所見這個自文藝復興以來的目標徹底瓦解**。

據說以寫實歷史畫成名的十九世紀畫家保羅・德拉羅什（Paul Delaroche）在看見照片時驚駭地說：「自今日起，繪畫已死。」[12]

於是，像太陽一樣的標準答案從藝術界消失了，人們終於發現藝術試圖揣摩的對象其實像雲一樣飄忽不定。

「相機誕生以後，如今藝術的意義何在？」

「我們這些藝術家從今以後該如何自處？」

「有什麼事情是只能靠藝術來實現的嗎？」

藝術家們的腦袋裡浮現了至今遭遇過的最大難題，失去了昔日目標的他們，終於開始認真培養各自的探究之根。

## 馬諦斯夫人的綠色鼻梁

馬諦斯正是在這種時代創作了《綠條紋的馬諦斯夫人》。「**什麼是只有藝術才做得到的事？**」面對因為相機的出現而浮上檯面的這個問題，馬諦斯提出了屬於自己的解答。

他的答案顛覆了至今為止的藝術常識，《綠條紋的馬諦斯夫人》對當時的藝術界造成強烈衝擊，評論家們一片譁然，紛紛批評：「這種像野獸一樣的用色是怎麼回事啊！」[13]

所以讓我們一起想一想，馬諦斯在這幅畫裡進行了什麼嘗試呢？正如各位在輸出鑑賞時指出的一樣，《綠條紋的馬諦斯夫人》的最大特徵是它的顏色。

以前的畫用顏色來表現對象物的真實色彩，或是捕捉畫家眼中所見的世界。換句話說，顏色是畫得和實物一模一樣的手段之一。

然而馬諦斯太太既不可能有綠色的鼻梁，也不可能會有綠色或藍色的眉毛。沒錯，馬諦斯脫離了畫如所見的陳舊思維，試著將顏色自由發揮。此外畫中隨處可見的雜亂筆觸、歪斜的形狀以及粗大且僵硬的輪廓，也能夠感受到他與至今為止的藝術風格告別的決心。

**馬諦斯透過《綠條紋的馬諦斯夫人》解放了藝術，不再以畫如所見為目的。**因此，即使你不覺得這幅畫畫得很棒也很正常。因為它絕對不是因為畫得好或畫得美才獲得評價。

「什麼是只有藝術才做得到的事？」為了思考這個問題，馬諦斯伸出了他的探究之根。最後，他脫離了畫如所見這個既有目標，創造了把顏色單純當成顏色來使用的答案。

不論是馬諦斯被稱為「開拓二十世紀的先驅藝術家」的原因，還是《綠條紋的馬諦斯夫人》被視為傑作的緣由，**都是因為他在開出這朵表現之花前，伸出了標新立異的探究之根**。

從此以後，藝術的世界彷彿像撥雲見日般豁然開朗。藝術家們開始意識到過去只在乎表現之花開得美不美，卻沒有充分顧及探究之根和興趣種子。於是他們將活動重心大幅移向思考與探究的藝術領域。

《綠條紋的馬諦斯夫人》可謂是為藝術思考揭開序幕的作品。

## 會改變的答案才有價值

以上是我個人從藝術思考的角度對馬諦斯的代表作提出的解釋。在此澄清，**無論是前面提到的解釋，還是在後續內容的解說，都不一定是對藝術作品的**

**正確解讀**，還請大家不要誤會。

這些是無限觀點的其中一個，充其量不過是讓你延展探究之根，找回獨有思維的素材。若是把這本書的內容當成唯一的正確解答，或是誤以為這就是發自內心的想法——這些都是隨他人創造的答案起舞的花匠容易掉入的陷阱，請各位務必小心。

所謂的藝術當然存在作者本人的見解、專家的解釋以及一般的評價。但正如先前所言，雖然數學有像太陽一樣的標準答案，藝術的答案卻像雲一樣捉摸不定，瞬息萬變。有別於用數學方法證明出來的答案固定不變，藝術的答案不論解釋得再好，也會因為時代、情況或人的因素不斷改變。

比方說，當時的評論家批評馬諦斯的畫像野獸一樣把顏色塗得亂七八糟。不只是馬諦斯，本書舉出的六個二十世紀的作品全都在發表當時被批評得一無是處，然而到了現代，它們卻成為在世界各地受到好評的傑作。

因為藝術作品而改變你的觀點，或是因為你的觀點而改變藝術作品的涵義——這就是我想在這本書傳達給大家的事。

**數學的答案因為不變而有價值，而藝術的答案卻因為會改變才顯得有意義。**

另一個視角

## 明明沒有答案，為什麼還要思考？

以上是第一課的內容。在接下來的另一個視角單元，我想請大家從另外一種完全不同的角度思考我們剛才在課堂上探討的問題：「什麼是好看的作品？」

請大家看下一頁的作品。

### 作品粗糙是因為技術不成熟嗎？

「唉唷，這又是什麼奇怪的東西啦……」

我彷彿可以聽見大家這麼說。

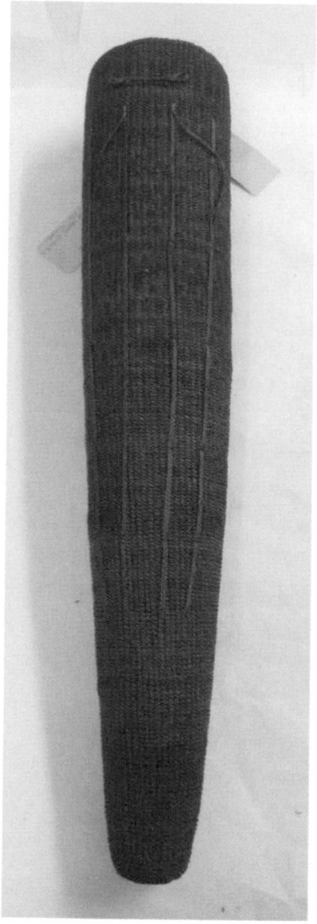
© The Trustees of the British Museum

這是生活在大洋洲周邊島嶼上的原住民玻里尼西亞人代代相傳的工藝品，照片中的作品誕生於十九世紀，在大溪地出土。光看照片大家可能很難想像，所以我再稍微補充一點說明。

這件工藝品全長六十六．四公分，大概等於一根小學低年級生使用的球棒；圓筒狀的木片外包裹著以椰子纖維織成的布料，上面的圖案同樣以椰子纖維縫製。

你們覺得這個讓人不知該如何下評語的東西到底想表現什麼？

這是玻里尼西亞人的神明——奧羅（Oro）的神像，縫在上面那些精簡到不行的花紋據說代表奧羅的眼睛和雙臂。玻里尼西亞人的生活與信仰息息相關，他們的信仰存在形形色色、充滿故事的神祇，而軍神奧羅更是在他們心目中占有最重要的地位。

可是**以一個最重要的神明來說，這尊神像的作工相當簡陋**，就算只是客套話，也很難說它做得很好看。

「可能是因為玻里尼西亞人的工藝技術還很原始，所以只能做出這種程度的神像吧？」

十八世紀的英國海上探險家庫克船長在大溪地目擊到的帆船，船首可以看到精美的雕刻。（Illustration to "A Voyage towards the South Pole…in the years 1772-75"《The Fleet of Otaheite assembled at Oparee》1777 年，大英博物館，倫敦。）

應該有人是這麼想的吧。然而人們早就發現，玻里尼西亞人從很久以前便在各領域中發展出極高的技術。

十八世紀航行至大溪地的西方人向本國回報，他們曾經目擊到一支由一六〇艘最大全長約三十公尺的大型雙體帆船組成的玻里尼西亞艦隊[14]。據說，玻里尼西亞人可以用和文明社會的老練航海專家一樣的精準度航行到遠方島嶼。除此之外，從現存的雕刻和裝飾品也能夠窺見他們精細而巧妙的技術。

這樣的玻里尼西亞人，應該可以用更高明的技術做出更精緻的奧羅神像。然而**為什麼他們卻用如此簡陋的工法，為最重要的神明製作神像呢？**

## 重現不是複製眼中所見的世界

為了思考這個問題，我們來比較一下玻里尼西亞人做的《奧羅像》，以及文藝復興巨匠——米開朗基羅（Michelangelo）所做的《聖殤》（P.82）。《聖殤》是一件以被釘上十字架處刑的耶穌基督與抱著他的聖母瑪利亞為題的雕刻作品。米開朗基羅和玻里尼西亞人的共通點是他們都重現了自己心中的神（耶穌和奧羅）。

但是他們在表現手法上卻幾乎是天壤之別。**我認為這種差別不該完全歸咎**

**於技術的有無，而是因為對重現的認知不同，才造就了這樣的差異。**

所謂重現是指讓人們在看到重現出來的物品時，能夠產生類似於看到本尊的反應[15]，如果反應幾乎和看到本尊一模一樣，就是一個非常成功的重現。

米開朗基羅用鉅細靡遺地刻劃耶穌和瑪利亞的每一個細節作為對重現的嘗試，儘管這件作品沒有上色，但是大小和人差不多，因此當基督教徒看到《聖殤》時，應該會產生近似於耶穌本人降臨在自己面前的感覺。

那麼玻里尼西亞人的《奧羅像》又是如何呢？他們有重現出自己的神嗎？

作為提示，我想請大家想想在迪士尼動畫電影《玩具總動員4》（Toy Story 4）登場的角色「叉奇（Forky）」。有看過該系列電影的人應該都知道，這部電影的中心人物是一個造型精巧的牛仔玩偶胡迪。

可是，在《玩具總動員4》登場的新角色叉奇卻和之前出現的玩具們完全不同。他是飾演主角的小女孩在幼稚園試讀日當天，在垃圾桶裡撿到的塑膠匙叉上，用現成材料黏上眼睛、嘴巴和手做出來的產物，既不算是玩具，也稱不上是玩偶。

然而，對無法融入幼稚園新生活的小女孩來說，叉奇是她重要的心靈支柱。被扔進垃圾桶裡的一根普通匙叉漸漸被賦予了生命與人格，此時叉奇的作工精細與否，小女孩已經不在乎了。

我認為玻里尼西亞人製作的《奧羅像》，應該就相當於這位小女孩眼中的叉奇。換言之，當他們為包裹著椰子纖維的木片縫上眼睛、手臂等最低限度的部位時，不就已經能充分感受到神的存在了嗎？

既然如此，他們便沒有理由繼續加工，把神像做得更精緻，因為在這個階段，他們已經達到重現神的目的了。

**玻里尼西亞人之所以用這樣的神像表現重要的神明奧羅，既不是因為他們的技術不成熟，也不是因為在製作時敷衍了事，**而是因為這個作品對

米開朗基羅《聖殤》1498～1499 年，聖彼得大教堂，梵諦岡。

奧羅的完整重現已經讓他們感到心滿意足，所以才不再繼續加工。

**文藝復興以後的西洋美術一直在追求寫實的表現，但並不是只有像《聖殤》這種徹底複製肉眼所見的作品才算是好的重現。**

如果回歸重現這個行為的根本目的，玻里尼西亞人的《奧羅像》不也能夠被視為一種好的重現與作品嗎？

＊＊＊

第一課就上到這邊。上課前與上完課之後，關於我們在課堂上討論的「什麼是好看的作品」這個問題，你的想法有什麼不一樣嗎？

在課堂的最後，我想請你從「①**上課前**（**BEFORE**）」、「②**上課後**（**AFTER**）」與「③**透過這堂課**（**BEYOND**）」這三種角度回顧課程內容，延伸自己的探究之根。

請你一邊參考其他人的答案，一邊感受自己的觀點有什麼變化。

BEFORE THE CLASS

**進行自畫像的習作時，你有什麼感覺？**

「我再次體會到自己有多討厭畫人，因為畫得一點也不像，哭哭……」

「很久沒有畫自己的臉了，我覺得自己應該多練習素描。」

「明明心裡認為好看的畫＝有個性的畫，一旦實際動手畫圖，卻覺得一定要畫得很好，給自己很大的壓力。」

AFTER THE CLASS

**上完課以後，你對「好看作品的標準」有什麼變化嗎？**

「因為畫得不好，我原本很想把自己的自畫像藏起來。不過上完這堂課，我可以充滿自信地說：雖然我畫得沒有很好看，但這就是我的風格。一件『好作品』的誕生是因為有表現出個人特色，而不是因為繪畫技巧。」

「當老師要我們從大家的自畫像裡選出一幅最好看的畫時，我卻在找畫得最寫實的畫。上完課之後，我又看了一次大家的作品，結果一開始被我直接忽略的畫反而讓我印象深刻。我覺得自己對好看的標準變寬了。」

「文藝復興繪畫所追求的真實感很容易理解，但我開始覺得，即便如此，這也不是決定作品價值的唯一要素。一件能讓看到的人產生各種不同詮釋的作品，或許才算是真正的好作品吧。」

BEYOND THE CLASS

## 透過這堂課，你對課堂上的提問有什麼想法嗎？

「一開始鑑賞馬諦斯的畫時，我覺得它的樣子很快就從腦袋裡消失了，以前到美術館參觀畫作時也一向如此。可是上完這堂課，我對這幅畫的印象有了一百八十度的轉變，如果僅憑第一印象便脫離畫作本身，就無法思考這幅畫到底畫得好不好。現在想想，以前去美術館的時候真的好浪費喔……以後除了表面上的好壞與美醜，我還想試著從各種不同的角度觀賞藝術作品。」

「『好看的畫＝畫得很好的畫』這種困住我的價值觀不是我自己的標準，

而是不知不覺間被外界灌輸的想法，不只是畫，在其他方面也是一樣的。我希望自己不要受限於社會定義的價值觀，而是用自己的標準來判斷。」

# CLASS 2

# 什麼是寫實？

## ——眼中世界的謊言

# 畫出一顆寫實的骰子

方才在第一課的最後，大家有注意到其中一名學生說了這樣的話嗎？

「當老師要我們從大家的自畫像裡選出一幅最好看的畫時，我卻在找畫得最寫實的畫。」

接下來我想要和大家討論這名同學提到的「寫實」二字。

**這名同學認為的寫實是什麼意思？**或是當你說出：「這幅畫好寫實喔！」的時候，會使用什麼樣的語氣呢？

在第二課，讓我們針對什麼是寫實展開探險吧！和上一課一樣，為了讓大家在思考時能夠切身體會，我準備了一個習作。

動手做做看

## 畫一顆寫實的骰子

請準備一枝鉛筆、一張紙和一顆骰子，

畫出一張骰子的圖。

不過，我猜手邊沒有骰子的人應該很多。

如果你沒有，

直接按照印象中的骰子來畫也行。

我這次還是不會提供關於畫法的建議，

唯有一個要請各位注意的地方：

這一次請你們想著要如何才能畫得很寫實。

那麼，我們開始吧！

希望和上一堂課相比，這次有更多人願意放下包袱，實際動手畫圖了嗎？

「應該勉強有畫出樣子吧……」

「我用陰影的深淺突顯真實感。」

「我有用尺，所以應該畫得很正確吧。」

「只要位置稍有偏移，看到的形狀就會不一樣，很難一直保持固定的視角。」

接下來，我們按照以下兩個步驟來看看大家畫的骰子吧（次頁）。這次不用在意畫得好不好，而是要從寫不寫實的角度來觀察大家的畫。

1 請從這六張骰子圖中選出你覺得最寫實的一張在上面畫圈。

2 請說明為什麼覺得它很寫實。

另外，得票數最高的是④號作品。為什麼大家覺得這張畫最寫實呢？

「④號作品有畫出遠近感，看起來好像這裡真的有一顆骰子。」

## 哪一張畫最寫實？　→　為什麼？

1

2

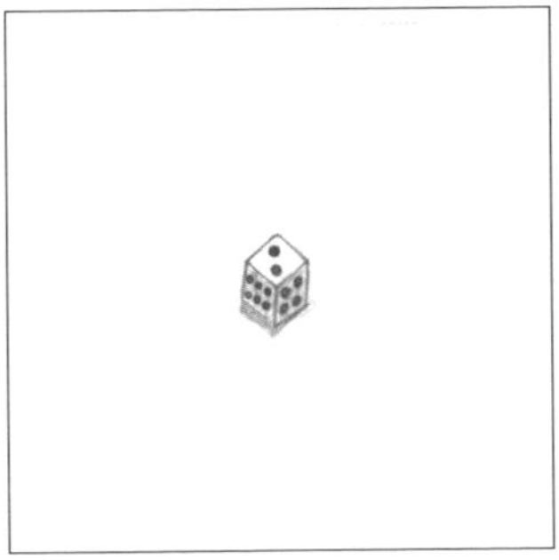

3

4

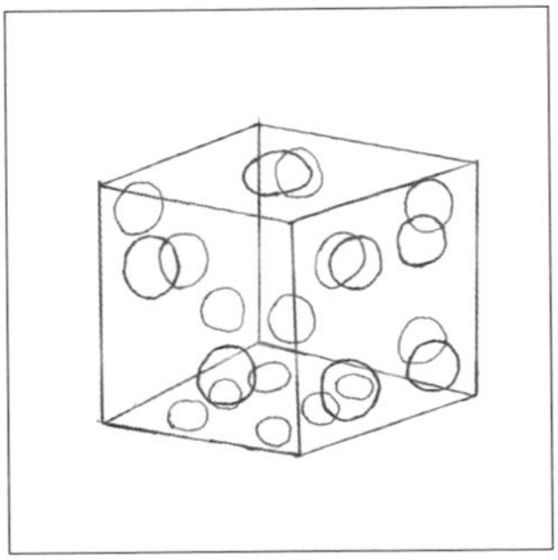

5

6

「形狀完全正確！輪廓線的角度和橢圓形的點數很協調，畫得跟真正的骰子一樣。」

「除了桌上的影子，骰子的每一面也都畫了深淺不同的陰影，立體感十足（我只注意到桌上的影子）。」

**你選了第幾號作品？又是如何判斷這幅畫寫不寫實？**這個答案正是你現在的觀點，但是這堂課過後或許會出現截然不同的觀點也說不定喔！

## 史上最多產藝術家的代表作

我們暫且放下骰子的畫，先來看看一位知名畫家的作品。

這位畫家名叫**帕勃羅．畢卡索**（一八八一～一九七三），就算沒聽過馬諦斯，應該也有很多人知道畢卡索吧。他被稱為天才或巨匠，是一位舉世聞名的藝術家。

帕勃羅・畢卡索（1908 年）

畢卡索在馬諦斯出生十二年後的一八八一年生於西班牙，以當時的西洋美術中心巴黎作為活動根據地。他的創作不僅止於繪畫，還在設計、雕塑、舞台藝術及其他多種領域進行表演活動，並接連換了好幾種創作風格。

畢卡索的一生都在全力衝刺，最驚人的是他的作品數量。畢卡索同時也是一位以多產聞名的藝術家，你覺得他一生當中總共創作了多少作品呢？請從下列三個選項裡選出答案。

1 雖說是多產，但要完成一件作品並不容易。大概一千件左右嗎？

2 假設他這四十年來，每天都產出一件作品，這樣大約是一萬五千件？

3 同樣一段時間，如果他每天可以做出十件作品的話，一萬五千乘以十倍的十五萬件嗎？

正確答案是③，他的作品數量竟然多達十五萬件，**榮登金氏世界紀錄「史上最多產的藝術家**[16]**」**。

此外，畢卡索漫長的藝術家生涯也是造就大量作品的原因之一。他在美術學校任教的父親很早就注意到兒子的才能，從十歲開始就讓他接受正規的美術教育，因此直到畢卡索以九十一歲高齡與世長辭的前一年為止，他持續不斷創作長達八十年的時間。

不僅如此，畢卡索對於戀愛也是全力以赴，與多名女性有過戀愛關係的他，再婚時已是年近八十的老翁。

我們接下來要看的是畢卡索在一九〇七年畫的《亞維農的少女》。亞維農是一個西班牙地名，畫中有五名妓女。接著我想請各位觀賞這幅作品，**你覺得這是一幅寫實的畫嗎？**

## 試著在畢卡索的畫裡挑錯

這件用油彩在畫布上完成的大作，在畢卡索為數眾多的作品中也是留名青史的名畫。尺寸約為長二．四公尺，寬二．三公尺，大得幾乎可以碰到日本一般住家的天花板。

在深入探討《亞維農的少女》是否寫實以前，我想請大家再仔細觀賞這幅作品，這次也要請大家進行第一課介紹過的輸出鑑賞。只不過這次的輸出鑑賞有一個特別的主題：請你們盡可能地從這幅畫裡挑錯。

假設畢卡索是你的徒弟，當他跟你說：「師傅，我畫了這個！」並拿著這幅畫來找你的話，你會對他說什麼呢？

請你從寫不寫實的觀點出發，指出這幅畫裡的問題。那麼，我們開始吧！

「為什麼線條這麼僵硬啊？」

「身體各部位很不協調，感覺沒有認真看著模特兒去畫。」

「遠近法不成立。」

「在奇怪的地方出現陰影（？）。」

「有些地方突然用了很鮮豔的粉紅色。」

「退一百步來說，雖然看得出來畫的是人，但是死氣沉沉的樣子完全沒有人的感覺。」

「感覺不到女人味……」

「每一個人都面無表情，感受不到任何情緒。」

「中間兩名女性的臉幾乎一模一樣。」

「明明臉面向正面，鼻子卻畫成L形，像是從側面看過去的一樣。」

「眼睛和眉毛左右不對稱。」

「右上角的人臉好像驢子或阿拉伯狒狒。」

「右下角的人長得也太詭異了吧！」

「好像戴著面具。」

「莫名強調上半身的倒三角形。」
「腰細得很不自然。」
「中間那個人的腳角度很奇怪，感覺像脫臼了。」
「中間的人手臂超級粗。」
「左邊的人是從頭上長出手嗎？」
「右邊兩個人的手有一半不見了。」
「胸部是正方形的。」
「右下角的人明明坐著背對我們，可是臉卻朝向這邊。」

「完全搞不懂這幅畫裡的場合和情況。」
「背景是窗簾嗎？還是破掉的玻璃？」
「下面有一些很像水果的東西，可是看不出來是什麼水果。」
如何？你有挑出哪些地方是錯的嗎？
在某種意義上，這幅畫充滿了可以吐槽的地方，所以如果真的有心想挑，感覺會有挑也挑不完的錯誤。

雖然這麼做對藝術巨匠的畫非常失禮，不過因為抱著從中挑錯的心態，大家在看畫時，是不是比平常還認真呢？

其實在畢卡索發表這幅畫時，藝術界並沒有給予正面評價，稱讚真不愧是天才的作品。相反地，他們反而批評這幅畫實在奇醜無比！

原本非常欣賞畢卡索的收藏家失望地表示：「這對法國藝術界是何等損失！」[17]畫商和其他畫家則用盡各種惡毒話語指出其中的問題，諸如：「這幅畫看起來像是被人拿斧頭劈過。」、「鼻子好像切成四分之一的起司[18]。」

所以說，大家不用因為是藝術巨匠的畫就強迫自己認為畫得很好，只要想到當時藝術界人士的反應簡直就像是挑錯與輸出鑑賞，不如直接承認這幅畫很奇怪還比較自然。

可是自幼習畫在當時已經小有名氣的畢卡索，究竟是抱著什麼心態畫了這幅畫？而這幅畫又是如何成為現代人眼中的歷史名作呢？

## 隱藏在遠近法中的「謊言」

畢卡索並不是因為瘋了才畫出如此驚世駭俗的畫，從結論來說**《亞維農的少女》是他對不同以往的寫實進行探究後所孕育出的表現之花**。

大家可能會驚訝地想著：「這幅畫哪裡寫實了？」接下來請讓我為各位慢慢解釋。提到寫實的畫，很多人應該會想到使用遠近法的作品吧。如果用簡單一句話來解釋遠近法，那就是在**二維的平面畫布上畫出三維的立體空間**[19]。

舉例來說請大家想像一下，假設有人要你畫出現在看到的風景，你應該會把比較近的東西畫得大一點，比較遠的東西畫得小一點吧。如果有兩條平行線的話，你很有可能會隨著距離，把兩條線越畫越近，藉此表現景深。所謂的遠近法就是把這些方法正確統整歸納後所得出的理論。

我們熟悉的照片和影片也都反映了遠近法，從出生開始就生活在充斥著遠近法的環境，當這樣的現代人看到根據遠近法畫出的畫時，當然會覺得這幅畫

圖｜遠近法（透視法）

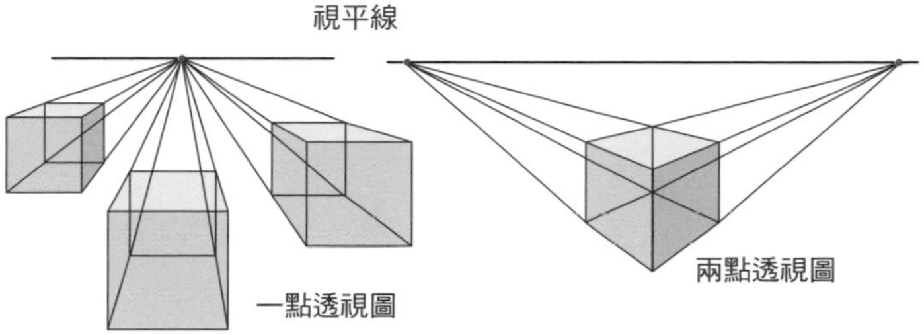


很寫實。

我們回頭看看剛才大家在習作時畫的骰子（P.91）。當你準備畫一顆寫實的骰子時，是不是下意識地使用了遠近法呢？而大家認為畫得最寫實的④號作品，也是最忠於遠近法的畫。

換句話說，**我們之間絕大多數的人都對「唯有遠近法是畫出寫實畫的不二法門」深信不疑**。然而，看似完美無缺的遠近法其實隱藏了好幾個謊言。

比方說④號作品的骰子背面會是什麼樣子？

「因為正面可以看到一、三、五點，所以背面當然就是二、四、六點啊！」

真是如此嗎？這只是因為你已經知道

骰子是什麼了，所以才能說得如此肯定。如果讓完全不曉得骰子的人看這幅畫，他們真的可以在腦海裡想像出真正的骰子嗎？

④號作品的骰子背面搞不好連一點都沒有，也可能有十點也說不定，我們無法從這幅畫裡得到正確答案。

遠近法的最大特徵，是畫者把視角固定在一個點上。換言之，**使用遠近法的畫其實只畫出一半的現實**，就算另一半藏著天大的謊言，我們也不知道。

雖然遠近法似乎是畫出寫實畫的完美方法，但它其實非常不確實。

## 人的視覺不可靠

我們再繼續談談遠近法吧。因為遠近法是仔細觀察物體並將其正確重現的方法，因此非常仰賴人類的視覺。可是我想請大家想想，**人類的視覺究竟有多可靠？**

為了確認這點，請大家看上面的圖。**請問圖片裡的三個男人之中，哪一個看起來最大？**

公布答案：其實三個男人的人小一模一樣。但是我們的眼睛應該會以為最右邊的男人看起來稍微大了一點吧。可能有很多人會說：「我知道啊，這是錯視！」不過應該沒幾個人可以解釋為什麼右邊的男人看起來比較大。

當我們看到這張圖片時，已經習慣遠近法的大腦會馬上做出以下判斷：「圖片裡有三個一樣大的男人，因為他們在遠近不同的道路上看起來一樣大，所以最遠的男人一定是最高大的。」

**人的視覺包含很多類似這樣的失真**。相反地，如果讓完全沒接觸過遠近法的人看這張圖，他們應該會回答：「當然是三個人都一樣大啊！」[20]，這是因為透過遠近法來看東西並不是人類與生俱來的能力。

我們再舉一個例子，上圖出自一位文藝復興後期的荷蘭畫家，主題是被沖上岸邊的鯨魚。解說寫道：「畫家根據實物正確無誤地畫下這幅畫。」[21]不過你們有沒有發現好像哪裡怪怪的？答案是鯨魚的胸鰭相較於身體來說實在小得可憐，而且位置還是在眼睛旁邊。

《擱淺在荷蘭海岸的鯨魚》1598 年，阿姆斯特丹國家博物館，阿姆斯特丹。

這幅畫的作者可能不知道鯨魚有胸鰭，因此他根據自己的知識和經驗，判斷那應該是鯨魚的耳朵。**因為他看見胸鰭時先入為主地認為那是耳朵，所以連現實中的形狀也跟著失真了**。就連這位以高超寫實技術聞名的荷蘭畫家，都無法對自己第一次看到的事物客觀解讀。

可見我們的視覺並不像機器一樣精準無誤，不論看得有多仔細，我們看到的東西依然會因為自己知識或經驗而產生極大的誤差。原本應該要能將世界正確記錄下來的遠近法，依賴的卻是毫無可信度的人類視覺。

## 不是模仿，而是重組

畢卡索創作《亞維農的少女》的時間，比馬諦斯發表的《綠條紋的馬諦斯夫人》略晚了一些。

你想得沒錯，當時畫如所見的藝術目標徹底崩壞，人們開始思考什麼是只有藝術才做得到的事。畢卡索對人們過去深信不疑的事物提出質疑：「寫實究竟是什麼？」

如果在以前這種問題根本連想都不用想，因為早在比畢卡索早了五百年左右的文藝復興時期，就已經出現了名為遠近法的正確答案。如果想追求寫實的話，只要利用遠近法的技巧來創作就可以了。

但是畢卡索並沒有在既有答案的延長線上得到滿足，他用像孩子般純真無邪的眼睛重新觀察這個世界，試圖創作出屬於自己的答案。

**他對遠近法的前提——「只依靠人類的視覺，並從固定視角看世界才是寫實」產生了疑問**。事實上，遠近法呈現的世界與我們實際看到的大相逕庭。

正如前述，就算我們從一個固定位置觀看某件東西，還是會下意識地以過去的知識或經驗為前提，再加上只用視覺看這個行為本身也是無稽之談，因為身處在三維世界的我們一定總是動用所有感官來理解事物。

沒錯，我們必須先把各種資訊輸入大腦，在腦中重組之後，才能真正看見某件事物。

**對只能畫出半分現實的遠近法產生疑問的畢卡索，追尋摸索著與我們在理解三維世界時所看到的實際狀況更接近的「新寫實」**。於是，他得出了屬於自己的答案——**把從多種不同視角看見的內容放在同一個畫面重組**。最後開出的表現之花就是《亞維農的少女》。

了解這些以後，我們再一次觀看這幅畫。以畫面中央的女性為例，她的眼睛看向正前方，但是L形的鼻子卻像從側面看過去的。左右眉毛的形狀和位

不對稱，很有可能是結合了從斜前方和正面兩個視角看到的樣子。如果從正面看人的臉，耳朵應該不會這麼明顯，所以耳朵可能是從斜前方看到的也說不定。

接著再看到整幅畫。部分人物的臉和身體在某些地方忽然變成不同顏色，這或許是因為他把從好幾種角度看到的陰影組合在同一個畫面裡的緣故吧。

這幅畫是畢卡索將從多種視角看到的事物，透過重組後所得到的結果。他曾經說：「現實取決於你對事物的觀察。」[22]

雖然《亞維農的少女》看似與寫實二字相去甚遠，但我們可以認為，**畢卡索在這幅畫裡追求的是遠近法達不到的「新寫實」**。

## 寫實畫其實「不現實」

然而在了解畢卡索的探究過程後，有些人可能還是會這麼想：

「重組從多種視角看到的事物果然還是太牽強了啦。」

「畢竟我們看不到東西的另一面，畢卡索的觀點很不自然。」

「雖然知道他想表達的意思，但我還是覺得遠近法比較寫實……」

有這種想法的人，請你們看看上面這幅靜物畫。

就算是覺得《亞維農的少女》一點也不寫實的人，應該也不會對上面這幅畫有意見了吧。

然而，其實連根據正確無比的遠近法所繪製的這幅畫都和《亞維農的少女》一樣，是把從多種視角觀察到的事物重組後得到的結果。

這到底是怎麼一回事呢？讓我們來做個簡單的實驗。

請把目光移到書本外，聚焦在你身邊的某件物品上。這時，你真的看得很

威廉・克拉斯・赫達《有鍍金酒杯的靜物》1635 年，阿姆斯特丹國家博物館，阿姆斯特丹。

清楚的範圍有多大？實際試過就知道，眼睛對焦後的可見範圍跟針孔一樣狹窄，焦點四周全都模糊一片。

而另一方面，剛才那幅畫卻對焦在桌面上的所有物品。**現實中人類的視野不可能出現這種景象**，當人類要捕捉某個景象時，只不過是無意識地上下左右移動眼睛，把從不同角度觀察到的內容在腦內重新排列成一個景象而已。

雖然沒有《亞維農的少女》那麼極端，但即便是像這幅桌上靜物畫一樣使用了遠近法的寫實畫，仍無疑是在對從多種視角看到的畫面進行重組。

＊＊＊

差不多該來總結一下了。

在《亞維農的少女》誕生之前，遠近法是真實反映世界的唯一一個正確答案。然而，畢卡索以獨到的觀點對遠近法提出質疑，伸展他的探究之根，**最後得出對從多種視角看到的事物進行重組這個答案**。

《亞維農的少女》雖然在一九〇七年就完成了，但直到一九一六年正式發表前，畢卡索將它視為練習作品，擱置在畫室裡長達九年。由此可見，這幅畫對畢卡索來說也是一幅意義重大的實驗性作品。

關於這一章的內容我並不是要問：如果比較遠近法和畢卡索的畫法，哪一種比較寫實？哪一種畫得比較好？而是希望你們也能把這些內容當成材料，對「什麼是寫實？」這個問題提出自己的觀點。

姑且不論畢卡索的方法能不能取代遠近法，最重要的是《亞維農的少女》為藝術開闢了一個新的可能性。畢卡索創造的這幅畫讓人們發現：寫實其實可以透過各式各樣的手法呈現，而遠近法或許只是其中之一。

另一個視角

## 姿勢違反人體工學的男性寫實畫

第二堂課是否也讓大家看得很開心呢？接下來，我想請大家再換個角度思考什麼是寫實。

表現寫實的方法並非只有過去的遠近法以及後來的畢卡索畫法這兩種而已。之所以這麼說是因為，畢卡索在進入二十世紀後才開始探索不同於遠近法的寫實，**但是脫離西洋美術史的範疇，在其他完全不同的時空，也存在著許多對寫實的不同詮釋**。以下舉出一個例子。

下一頁的畫出現在西元前一四〇〇年左右的埃及，邊緣不太平整是因為它原本是一幅大型壁畫的其中一部分。那麼，我們來看看這幅畫吧。

©The Trustees of the British Museum

## 不以「被人觀賞」為前提的畫

這幅畫充滿了埃及風情，但仔細觀察，有沒有發現好像哪裡怪怪的呢？

舉例來說，請先注意畫中的兩名男性。他們的肩膀朝向正面，臉和下半身卻朝著旁邊；臉明明面向旁邊，眼睛卻好像看著正前方，而且前後兩隻手還畫得一樣長，比例根本不對。

右側的男性手裡拿著一些東西，但是雙手的手指卻呈現相同的長度和角度，大家實際試過就知道這個姿勢有多勉強。

「可能因為這是很久以前的畫，當時的繪畫技術也尚未成熟，所以才只能畫成這樣吧。」

應該有人會這麼想吧。不過，就跟第一課的玻里尼西亞人（P.79）一樣，把技術不成熟當作唯一的理由實在有些言之過早。為了思考埃及人為什麼要這樣畫，我們必須先了解這幅畫是為什麼而畫。

**其實這幅畫不是被畫來供人欣賞**，之所以說得如此肯定，是因為這幅畫被畫在誰都看不到的地方。

大家知道是哪裡嗎？答案是在墳墓裡面。事情發生在古埃及時代的法老陵寢——吉薩金字塔群當中，據說光是最大的金字塔就動員了總共三十六萬名工人，耗費長達二十年的時間建造而成[23]。

金字塔內存放了金銀財寶、陪葬品以及許多雕像，牆上則是一整面的壁畫。然而當金字塔蓋好，法老的木乃伊也被搬進去以後，為了防止再有人進出，他們用巨石把入口完全封死。

為什麼他們要在根本不會有人看到的地方花費如此龐大的時間、勞力與金錢呢？原因在於他們的信仰。

古埃及人相信死者的靈魂會獲得永生，但靈魂需要肉體才能繼續存在，因此他們發展出把肉體做成木乃伊保存的方法，並將金銀財寶和陪葬品搬入金字塔，以供法老在死後世界的生活所需。

## 埃及人無法理解的《倒牛奶的女僕》

這下我們知道金字塔裡存放金銀財寶和陪葬品的理由了，然而在另一方面，放置雕像及壁畫等藝術品的目的又是什麼呢？

給大家一個提示：在古埃及文裡雕刻家的其中一種說法是使生命延續之人[24]。換句話說，雕刻家製作的雕像不是用來觀賞的，而是跟金銀財寶和陪葬品一樣，都是死後的必需品。實際上，人們發現金字塔內的雕像造型酷似法老及其家人、家臣和僕役，按照這個邏輯思考，壁畫應該也是為了同樣的目的。

**創作這些藝術品不是為了讓人們一飽眼福，而是為了輔佐法老在死後世界的生活**。看樣子這裡似乎藏著**古埃及人追求寫實的線索**。

我們回到剛才的壁畫。這幅壁畫出現在從吉薩沿尼羅河南下，位於埃及

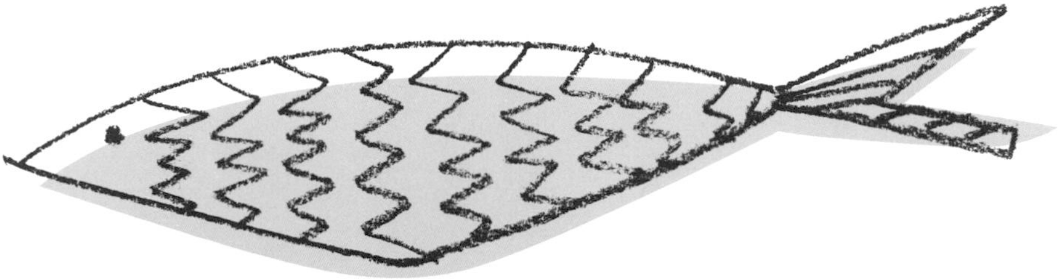

中央的都市路克索（Luxor），某位高級官吏的墓室裡面。從畫中兩名男性搬運物品的模樣便能看出，他們是在死後世界服侍主人的僕役。

你們有發現這幅畫裡的東西都是從最能突顯特徵的方向去畫的嗎？比方說，如果我請你們想像一條魚，大部分的人應該都會想像從側面看到的魚，不會想到從前面、後面或下面看到的魚吧。這是因為從側面看到的魚特徵最明顯。

同理可知，絕大多數的事物都有一個最能突顯特徵的方向。人的鼻子從側面看的高度和形狀最為明顯，眼睛從正面看起來最像是眼睛，而腳踝以下則是從側面看才能看清楚長度和形狀。**古埃及人用最能突顯特徵的方向組合每一個部位，創造永垂不朽的完美人體**。

那麼，如果把下一頁的畫拿給古埃及人看，他們會有什麼反應？**這張畫名為《倒牛奶的女僕》，出自活躍**

約翰．維梅爾《倒牛奶的女僕》1660年，阿姆斯特丹國家博物館，阿姆斯特丹。

**於文藝復興後期的約翰．維梅爾（Johannes Vermeer）**，使用了典型的遠近法。

想必古埃及人一定會瞪大眼睛，驚訝地大叫：

「哇，這個女人的右手也太短了吧！肩膀一大一小，而且鼻子又扁又平，不但沒有腳，眼睛還一直都是閉著的。」

「她需要兩對等長的手腳，每隻手也一定要有五根手指。如果不好好把眼睛張開，怎麼在死後的世界永遠服侍主人呢？」

在古埃及人的觀念裡面，畫家畫下模特兒在某個瞬間呈現的姿勢或表情根本是無稽之談。身體的每個部位都有應有的長度及數量，**他們從最能突顯特徵的方向組合各個部位，創造能經得住死後永生的寫實人體**。從他們的角度來看，《倒牛奶的女僕》應該一點也不寫實。

古埃及時代延續了超過三千年，然而在這段漫長的歲月，他們對寫實的詮釋法卻沒什麼太大的改變。

我們現在深信不疑的遠近法，自從十五世紀在文藝復興鼎盛期的義大利確立理論以來，頂多只有六百年左右的歷史，**縱觀歷史長流，畫出眼睛所見的世界絕對稱不上是主流思維**。

「聽說古代人覺得使用遠近法的畫很寫實吔！」在數百至數千年以後的時代，縱使出現這樣的想法也不奇怪。

＊＊＊

以探討寫實展開冒險的第二課就上到這邊。各位對寫實的認知在課堂前後有什麼變化嗎？讓我們從以下三種角度來回顧，延伸自己的探究之根吧。

BEFORE THE CLASS

**進行畫一顆寫實的骰子的習作時，你是怎麼畫的呢？**

「包含我在內，大部分的人都想畫得跟照片一樣。」

「我用了遠近法並仔細注意明暗，想把骰子畫得很有立體感。」

「我以為至少會有一個人畫出桌子，結果大家都只畫了骰子，我們應該是無意識對眼前的事物做了取捨吧？現在想想，這或許也算是畫與所見不相同的實際例子。」

AFTER THE CLASS

**上完課以後，你對「寫實」有什麼看法？**

「剛看到《亞維農的少女》時，我覺得它很怪、很不自然，不過那是因為『照片不會拍成這樣』的前提已經在我的腦袋裡根深蒂固。上完課後，我覺得真實不等於眼睛所見，在視覺掌握不到的地方也存在著真實。」

「透過眼睛這個濾鏡觀察現實世界，繪畫無論如何都會與現實脫節。既然如此不如一開始就善用這個濾鏡，思考什麼是自己認為的寫實。」

「如果現在叫我畫出一顆寫實的骰子，我應該會畫成展開圖，還會測量骰子的邊長和重量，把它們正確記錄下來。」

BEYOND THE CLASS

**透過這堂課，你對課堂上的提問有什麼想法嗎？**

「我覺得真實可以分成『表面的真實』與『內在的真實』。如果有一個人在遇到難過的事以後，還是像沒事一樣對其他人展露笑容，對這個人而言的真實是哪一種呢？表面的真實大多仰賴視覺，而內在的真實則須用心感受。」

「如果問相機或機器人看到的世界是否比較客觀，答案是未必，因為它們被植入了製造者或程式設計師的價值觀。能夠真正看見世界本質的，難道不是只有剛出生在這世上的生物而已嗎？在初次見到世界的嬰兒眼中，世界會是什麼模樣呢？」

「我想問的是：『如果要用寫實的方法畫出一個不存在於世上的東西，會發生什麼事？』若把不存在的東西畫得栩栩如生，這樣算是寫實嗎？我認為這種想法或許關係到發明的誕生也說不定。」

# CLASS 3

# 藝術作品怎麼看？

## —— 激發想像力的事物

## 這幅畫到底應該怎麼看？

還記得我們在第二課對《亞維農的少女》進行挑錯與輸出鑑賞時，有人這麼說嗎？

「完全搞不懂這幅畫裡的場合和情況。」

「下面有一些很像水果的東西，可是看不出來是什麼水果。」

簡單來說，這些意見代表大家看不懂畢卡索在畫什麼。如果換一種說法，**就是不曉得該「怎麼看」這一幅畫**。

第三課要討論的問題是**藝術作品怎麼看**，藝術作品真的有特定的「看法」嗎？如果有的話，又該怎麼看呢？——讓我們一起針對這些問題，展開探究的冒險吧！

請問你在參觀美術館時，是否有過這樣的經驗？你前往某個討論度很高的特展參觀，但當你實際站在作品前面，不但看不懂上面畫的是什麼，也不知道

提供：Artothek／Aflo

該從何看起……

雖然你模仿周遭其他人在作品前面停下腳步，然而你卻無從得知自己究竟有沒有正確地鑑賞這一幅畫……如果是華麗優美的古典畫倒還沒問題，但如果參觀的是現代藝術，幾乎所有人都有過這樣的煩惱吧。

平常我會在這邊請大家進行習作練習，不過這次我想稍微調整一下課程編排，先請你們欣賞藝術家的作品。

我們這次要看的是**瓦西里・康丁斯基**（Wassily Kandinsky，一八六六～一九四四）在一九一三年發表的《構成第七號》。

在看之前，我想先問一個問題。**請問這幅畫在畫什麼？**

## 從「為什麼這麼想／對此怎麼想」深入作品

怎麼樣呢？雖然經過前幾堂課，大家對藝術的看法已經稍微改觀，但看到「這幅畫在畫什麼」這個問題，或許還是會歪著頭陷入沉思吧。我知道你們都很想趕快知道正確答案，不過正是這種時候，我們才應該要從用自己的眼睛仔細觀察作品的輸出鑑賞開始。

大家在前面幾堂課應該已經比較習慣了，所以在這堂課，我想介紹一個可以讓輸出鑑賞變得更有趣的祕訣。相較於把看到作品後產生的想法對外輸出的輸出鑑賞，這次要請你們問自己兩個非常簡單的問題：

**1 為什麼這麼想？——你的主觀意見所依據的事實。**
**2 對此怎麼想？——作品內的事實讓你產生的主觀意見。**

比方說假設你看到《構成第七號》，覺得這幅畫很吵，這是你對作品產生的主觀意見。既然已經產生這樣的意見了，讓思考就此中斷似乎有點可惜。

這時，我們要問自己：「為什麼這麼想？」接著你可能會說：「或許是因為裡面密密麻麻塞了很多圖形吧，這些圖形我一個都沒見過。」像這樣找到新發現。透過這些事實，我們可以清楚意識到自己的意見是從何產生的。

而「**對此怎麼想？**」的順序正好相反，假如你注意到「裡面用了很多顏色」這個事實，請不要直接忽略它，而是試著問自己：「對此怎麼想？」然後你可能會說：「感覺很熱鬧，看了讓我很有精神。」這就是你的主觀意見，也是你根據獨到觀點提出來的答案。

**對主觀感受到的意見提出發現到的事實。反之，對事實則提出自己的意見，以上就是基本規則**。當然，不需要把這兩個問題套用在輸出鑑賞的每一個結果，而是在輸出鑑賞卡住的時候試試看，也許會有機會找到新的發現喔！

接著，讓我們活用這兩個問題，開始《構成第七號》的輸出鑑賞吧！

## 《構成第七號》裡的鯨魚母子

「欸，我覺得看起來好像一隻鯨魚吔。」

**——為什麼這麼想？**

「畫面下方有一隻藍色鯨魚，紅色的點是眼睛，嘴巴張得開開的。」

**——對此怎麼想？**

「感覺充滿童趣，好可愛！」

「像是一隻小鯨魚。」

「從鯨魚嘴巴噴出一道水柱。」

「水柱裡好像有一個小人。」

「看起來像一隻小美人魚。」

**——為什麼這麼想？**

「她的頭髮是咖啡色的，穿著黃色禮服，手裡拿著藍色豎琴。」

**——對此怎麼想？**

「感覺可以編一個故事吧，以海底世界為舞台的奇幻故事之類的。」

「我在左上角看到一個沉入大海的落日，上下顛倒的！」

**——為什麼這麼想？**

「因為海面被染成橘色，上面還有波浪形的線條。」

「啊，有一隻大鯨魚！」

**——為什麼這麼想？**

「你把畫倒過來看，靠近畫面中央被黑色線條圈起來的部分是眼睛。雖然沒有很明顯的輪廓，但那些亂七八糟的圖形都是牠的身體，看起來像一隻面向左邊的大鯨魚。」

「我看到了！右上角剛好像牠的尾鰭。」

**——對此怎麼想？**

「鯨魚體內塞滿了垃圾，這是一隻吃了很多垃圾的鯨魚。」

「原本以為這幅畫很活潑，沒想到是要提醒我們注意環境問題。」

「所以畫的是一隻大鯨魚和一隻小鯨魚。」

——**對此怎麼想？**

「牠們是一對母子吧。小鯨魚可能在用從嘴巴裡噴出來的光線和水柱清理髒亂的大海，好像可以編出一個這樣的故事。」

即使是一幅只給人「亂七八糟的，不曉得在畫什麼」印象的畫，結合輸出鑑賞和兩個自我提問之後，是不是能看見其他東西了呢？

話說回來，作者康丁斯基實際上到底想畫什麼呢？**老實說，康丁斯基在這幅畫裡完全沒有畫出任何具象物**。「虧我剛才那麼認真在找鯨魚！」、「叫人家想了這麼多，這也太過分了吧！」我似乎可以聽到大家的抱怨了。

不過，康丁斯基的《構成第七號》其實以西洋美術史上第一幅「沒有具象物的畫」聞名遐邇。儘管世上還有其他沒畫出具象物的抽象畫，但是在此之前，出現在漫長西洋美術史上的每一幅畫，一定都畫著某種具象物。

例如我們之前看過的馬諦斯的《綠條紋的馬諦斯夫人》和畢卡索的《亞維農的少女》，雖然這些都是為藝術界帶來新觀點的劃時代作品，但畫裡依然有具象物，也就是馬諦斯的妻子以及五名妓女。

在這個意義上，《構成第七號》與過去西洋美術史上的每一幅畫都不一樣。康丁斯基究竟經歷了什麼過程，才畫出了沒有具象物的畫呢？

## 如何創造讓人神魂顛倒的畫？

康丁斯基生於一八六六年莫斯科的一個富裕家庭。自幼學習鋼琴和大提琴的他熟諳樂理，大學攻讀法學和經濟學，畢業後成為大學教授，踏上成功的康莊大道。

瓦西里・康丁斯基
（1913 年左右）

就在這時，他偶然在莫斯科的畫展上，遇見了改變他人生的某件作品。這幅畫與康丁斯基過去看過的作品完全不同，上面有豐富的色彩和層層交疊的大量筆觸，隱約呈現出某種抽象形體。**據說看到這幅畫的康丁斯基因為完全看不懂上面畫的是什麼而苦思良久**。即使如此，康丁斯基依然不由自主地被這幅畫深深吸引。

克勞德・莫內《乾草堆》1891 年，個人收藏。

這幅畫其實是在與莫斯科遙遙相望的巴黎，由藝術家**克勞德・莫內**（Claude Monet）所畫的《**乾草堆**》[25]，畫裡是一片田園風景，田裡割下來的麥稈被堆成小屋的形狀。從標題的《乾草堆》也可以肯定，這幅畫毫無疑問是在畫具象物。但是由於這種畫風在當時過於創新，因此康丁斯基才沒能馬上看出來莫內畫的是什麼吧。

我們剛才回顧了康丁斯基為什麼被這幅畫吸引的過程。然後，我們得出一個結論：「不是『明明不知道在畫什麼卻深受吸引』，而是『正因為不知道畫的是什麼，所以才對它深深著迷』。」

就這樣被藝術魅力擄獲的康丁斯基決定改變人生目標，轉行當藝術家，為了重現自己被《乾草堆》吸引時的那種感覺，他開始延展自己的探究心。展開探究之旅的康丁斯基為了不讓別人看懂自己在畫什麼，會刻意把東西畫得歪七扭八，或是使用極端不同的顏色。

然而即使施加各種變化，把東西畫得完全看不出原型，畫裡還是有具象物的影子，這點讓康丁斯基傷透腦筋。此時，康丁斯基注意到了某樣東西，那就是他自幼熟悉且深愛的古典樂。於是，他決定嘗試把音調轉換成色彩，用形狀來表現節奏。因為音調和節奏是眼睛看不到的，所以它們並非具象物。

這就是具象物從繪畫裡消失的瞬間。**康丁斯基追求可以直接觸動心弦，讓看到的人沉醉其中的畫，最後成功完成這幅沒有具象物的畫。**

我們可以說：藝術因為馬諦斯，擺脫畫如所見的桎梏；因為畢卡索，脫離以遠近法為基準的觀點；如今又因為康丁斯基，從描繪具象物這個不成文的規定重獲自由。

## 藝術鑑賞的兩種互動

「原來如此，知道這幅畫要表達的意思之後，我終於覺得舒坦多了！」

「既然作者本人都這麼說了，就代表這才是『正確的看法』吧！」

看完前面的說明，大多數人應該都會這麼想吧。

「**藝術作品的『看法』取決於創造作品的藝術家本人。**」這樣的觀點確實非常合理。可是，真的只有這個答案嗎？

若是如此，大家在輸出鑑賞提出的小鯨魚、吃垃圾的大鯨魚、人魚或是大海，這些答案又算是什麼？難道只是在揭曉正確看法之前的任意揣測嗎？

為了更進一步探討藝術作品怎麼看，我想在這邊介紹我自己想出來的藝術的兩種看法（＝鑑賞方法）：

**1 與背景的互動。**

**2 與作品的互動。**

首先要介紹的是「**與背景的互動**」。這裡的背景除了作者的想法之外，還包含作者的人生經歷、歷史背景、評論家的分析以及在美術史上的意義等等，從背後促成作品誕生的各種要素的總稱。

「馬諦斯用《綠條紋的馬諦斯夫人》顛覆了『畫如所見』這個藝術界的昔日目標。」

「畢卡索用《亞維農的少女》對『遠近法呈現的寫實』提出質疑。」

各位在前幾堂課閱讀這些說明時，主要是在和作品的背景互動。雖然我在序章對「直接看解說，看完就覺得自己好像懂了什麼」的鑑賞方法採取否定的態度，但解說無疑也是作品的背景之一。沒有人規定在實踐藝術思考時，必須完全不看作品解說，僅憑一己之力憑空創造屬於自己的答案。

圖 1　與背景的互動

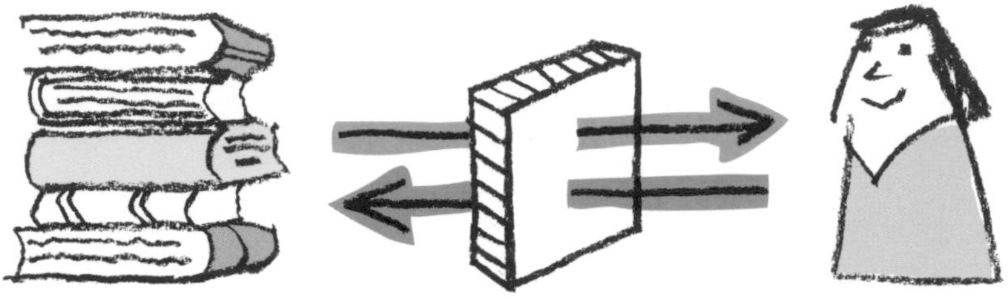

問題是一旦接收了作品的背景資訊，很多人便會停止思考，覺得那就是唯一的正確答案，心想：「原來是這樣，那我記起來吧。」

為了讓大家更好理解，請在閱讀說明的同時參考圖1。**我們在接觸作品的背景知識時，絕對不能忘記與它互動**。用比較艱澀的話來說，就是作品背景與鑑賞者之間必須要是雙向互動的關係。

正如同大家在前幾課所體驗過的，**作品的背景原本就在對鑑賞者丟出各式各樣的問題，相當於圖中的綠色箭頭**。

「只有畫得跟眼睛看到的一模一樣才是好作品嗎？」

「寫實只能透過遠近法來實現嗎？」

| 圖 2 | 與作品的互動 |
|---|---|

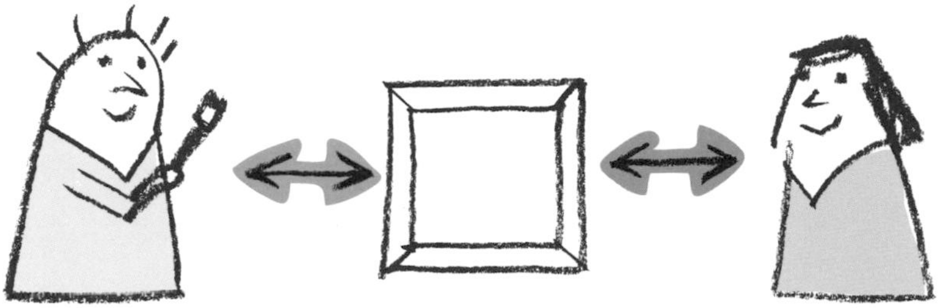

**我們透過思考這些問題找到屬於自己的答案，這就相當於圖中的橘色箭頭。**在前面的課堂上，大家紮紮實實地與背景互動了一番，所以應該多少能體會其中的樂趣。

那麼，另一種解讀法——「**與作品的互動**」，請大家參考圖2，作品在正中間，藝術家和鑑賞者分別在左右兩邊。藝術家本人會在與作品互動的同時繼續創作，相當於圖中的綠色雙向箭頭。

「該怎麼做才能重現莫內的《乾草堆》帶給我的感受？」

「雖然對具象物的形狀和顏色做了調整，但這些都不是我想要的。」

「如果根據音樂的意象作畫，是否就可以算是不存在具象物的畫了呢？」

藝術作品無非就是從這種藝術家與作品之間的互動所誕生的。

可是在與作品的互動的示意圖中，鑑賞者與作品之間還有另外一個橘色雙向箭頭。

「鑑賞者與作品的互動（橘色）」和「藝術家與作品的互動（綠色）」是兩個完全獨立的行為。**鑑賞者與作品互動時，完全不須考慮藝術家在創作當時懷抱著什麼想法**。

請回想一下，在第三課一開始我請大家鑑賞《構成第七號》，並詢問裡面畫的是什麼。藉由純粹觀賞作品本身，「肚子裡塞滿垃圾的大鯨魚和從嘴巴噴出水柱的小鯨魚一起讓大海變乾淨」的精采故事（輸出）就這樣誕生了。

## 音樂鑑賞時的自然互動

當康丁斯基以鑑賞者的身分看著莫內的《乾草堆》時，他正是在進行與作品的互動。

初次見到這幅畫的康丁斯基心想：「雖然看不懂在畫什麼，可是卻莫名吸引我！」接著，他沒有急於從作品標題找到答案，而是珍惜與作品互動的過程，為了重現這種感覺而展開探究的冒險。於是把音調變成色彩，用形狀表現節奏的康丁斯基最後得到的，便是沒有具象物的畫這個獨創答案。

我們可以說，**讓鑑賞者與作品之間得以自由互動的康丁斯基《構成第七號》就像是音樂**，因為多數人在聽音樂時，都會自然而然地與作品互動。

為了讓大家更容易理解，我想分享一個我的個人經驗。二〇一七年我到菲律賓和紐西蘭旅行，在為期一年左右的旅程即將結束時，我坐在紐西蘭的長途巴士上，一邊眺望夕陽在無邊無際的田園風景中慢慢下沉，一邊聽歌。

這首歌是披頭四（The Beatles）的《In My Life》，歌詞描述：「我在許多地方留下回憶，烙印在我心中永不褪色，但比起這些回憶，我現在更愛你。」這是我最愛的歌曲之一。

當這首歌流進我體內的瞬間，我想起了在旅途中發生的事、遇到的人以及送我出國，在背後支持我的人，頓時有某種情緒湧上心頭。即使到了現在，當我聽到這首歌，我還是能清楚想起當時產生的情感。

我想每個人在聽音樂時，應該或多或少也有過類似的經驗吧。不過請你們想一下，這首歌的作者約翰．藍儂（John Lennon）[26] 恐怕是根據他自己的經驗和記憶來填詞，可能是伴隨他出生成長的某座英國城鎮，也可能是他曾經愛過的某個人，無論如何至少不可能是我造訪過的地方或我珍惜的人。

就算是這樣，應該也沒有人會說我的感受是錯的。《In My Life》和聽者互動後所產生的答案，與作者約翰．藍儂傾注在歌裡的答案具有相同的價值。

「作者想要表達什麼?」、「這裡應該要怎麼解釋才是正確答案？」、「因為不知道作者的意圖，我沒辦法理解這首歌。」聽音樂時，我們不會一直思考這些事情，一定會有某個瞬間只是單純沉浸在只有作品和自己的世界裡。

**由此可見，鑑賞音樂時絕大多數的人都會很自然地與作品互動**。但不知是什麼原因，一旦換成美術作品，人們對作品的解讀就很容易侷限在作品背景或作者意圖。

另一方面，他們卻經常忽略了鑑賞者與作品的互動。「嗯——我看不太懂吔。」看到作品會說出這種話的人就是典型例子。

但是，如果美術也跟音樂一樣，可以透過與作品的互動理解作品的話，在絲毫不受作者意圖干涉的地方，我們還是可以說：「《睡蓮》裡面有青蛙！」

**康丁斯基正是透過創造出沒有具象物的畫，拓展了與作品的互動在美術世界的可能性。**

## 作者與鑑賞者的共同創作

大家有跟上嗎？是不是有點難懂？不過請放心，我想表達的重點是：無論是小鯨魚、美人魚、吃垃圾的大鯨魚還是大海——大家在輸出鑑賞所感受到的事物，都可以算是對《構成第七號》的看法之一。

這不是每個人的感受不同，或是藝術怎麼解釋都通這種表面話。而是**鑑賞者與作品的互動和作者本人共同創造了藝術作品**。我認為與背景的互動以及與作品的互動這兩種鑑賞方式各有樂趣，藝術因為它們變得更加精采豐富。

在這裡提到他還有點早，但之後會在第四課出現的馬歇爾·杜象（Marcel Duchamp）也說過：「作品不是靠藝術家獨力完成，鑑賞者的解釋能為作品開闢新世界。」[27]

接著根據以上內容，後半部要請大家進行習作練習。我想大家應該已經有點累了，所以我們輕鬆玩就好。

動手做做看

## 一百字短篇故事

首先，請大家放鬆心情，

花一分鐘仔細觀察下面這張圖片。

接著，請根據你對這幅畫的感受，

寫一篇一百字以內的短篇故事。

這個練習正是把對作品的感受化成文字的互動。

準備好了嗎？我們開始吧！

不知道各位寫好了嗎？

這個習作看似簡單其實並不容易，因為即使打算與作品互動，很多人還是會下意識地想著：「作者大概是想表現○○吧」。從這種想法的背後可以窺見「對作品的看法屬於作者」的刻板印象，大家只是在揣測並試圖猜中作者的意圖罷了。

再次強調這樣並沒有不好，這是一種很合理的鑑賞方法。只不過，這個習作的目的是要讓身為鑑賞者的各位與作品互動，所以希望你們暫時忘記作者，把自己對這件作品的感受寫成故事。

大家從這張畫裡感受到了什麼呢？我們接著來看看其他人的一百字短篇故事吧。

「嗒、嗒、嗒……凌晨兩點，一個男人盯著手機螢幕。他正在看著什麼，又正在思考著什麼呢？」

「這裡是一個很深的坑洞底部，頭頂上可以看見小小的出口，但不論我怎麼伸手、怎麼跳都搆不著，就算大叫也沒有半個人出現。唉，我該怎麼辦呢？」

「下著雨的夜晚，我在通勤時間的雜沓人潮中隨波逐流。明明人多得令人作嘔，卻沒有任何人注意到我，我也不在乎任何人。我總是孤身一人。」

從一張畫裡真的可以出現各式各樣的解讀。

在這邊我要公布這件作品的背景：其實這是某一名學生的畫，作品的標題是《希望》。機會難得，讓我們也來聽聽作者本人怎麼說吧。

「中間白色的部分是一扇小小的希望之門。一般聽到『希望』二字，都會聯想到像馬卡龍色那種明亮色彩，或是散發著耀眼光輝，但我把門的四周全部塗黑了，因為這樣可以讓白色的部分看起來更明亮。我認為自己有表現出微小卻強而有力的希望。」

你透過作品寫下的故事或許和作者的意圖完全不同，但即便如此，你也不必因為看不出來而感到可惜。**因為與作品的互動是你和作者各以百分之五十的**

**比例共同創作作品的過程。**

把作者的答案和鑑賞者的答案加在一起，這株名為藝術的植物會變化成無限多種形狀。

另一個視角

# 與作品互動的催化劑

在探究藝術作品怎麼看的第三課，我們介紹了與背景的互動以及與作品的互動這兩種鑑賞方式。接下來，讓我們從另一種角度來進一步討論互動吧。

## 畫作裡的資訊量差異

下一頁的作品出自安土桃山時代（十六世紀），由長谷川等伯（一五三九～一六一〇）所畫的屏風圖——《松林圖屏風》。這件作品是日本國寶，也許有人已經看過了也說不定。

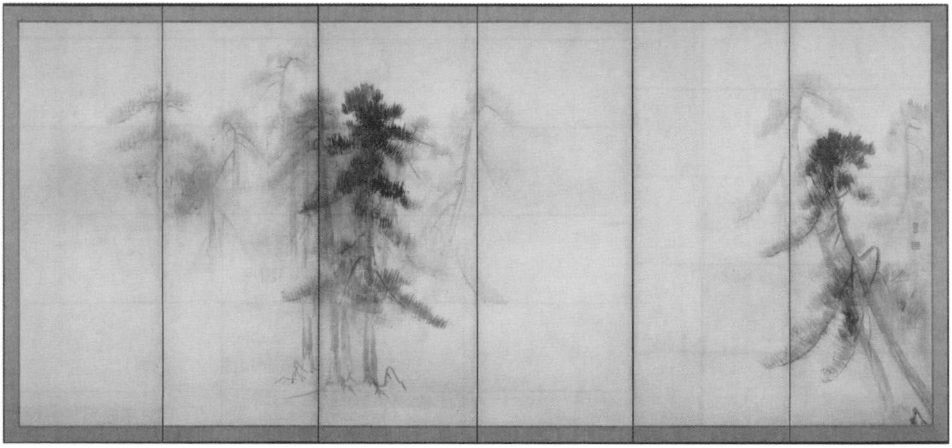

那麼，我們馬上來看看吧！大家覺得這幅畫畫得怎麼樣？

在這裡我想請大家比較這張《松林圖屏風》以及**克勞德・洛蘭**（Claude Lorrain）在文藝復興後期的義大利所畫的風景畫[28]。**比較這兩張描繪自然風景的作品，你們發現了什麼？**

克勞德・洛蘭《View of La Crescenza》1648～1650年，大都會藝術博物館，紐約。

洛蘭畫的是目前仍然可以在羅馬郊外找到的實際景色，這裡生長著哪些花草樹木？遠方有什麼？太陽在哪個位置？當時大概是幾點？天氣如何？地形是什麼樣子？只要有心想找，從這幅精雕細琢的畫裡可以正確找到各種資訊。

另一方面，《松林圖屏風》又是如何呢？整幅畫只畫了松樹，有將近一半的畫面是什麼都沒有的空白。因為這幅畫是黑白的，我們無從得知樹木和天空是什麼顏色。

因此，我們不但不曉得這裡是深山祕境還是庭園一隅，是豔陽高照還是飄著細雪？是拂曉清晨還是日落黃昏？就連關於這些問題的線索，在這幅畫裡也完全找不到。

如果讓文藝復興的畫家洛蘭看到這幅幾乎都是空白的黑白屏風畫，想必他會很錯愕地說：「為什麼不好好把它畫完呢！」

《松林圖屏風》和洛蘭的風景畫之間的差異一目了然，可是為什麼《松林圖屏風》留了一堆空白，資訊量這麼少呢？是因為日本繪畫的發展比西方晚嗎？不，答案是否定的。

## 留白的想像無限大

為了思考這個問題，我想先介紹一則與《松林圖屏風》同樣出現在安土桃山時代，風靡一時的茶人——**千利休**（一五二二～一五九一）的軼事。

利休的庭園裡盛開著美麗的牽牛花，有一天當時的天下人（主宰天下，握有最大權力的人）豐臣秀吉得知此事，要求利休讓自己到庭園賞花。聽到有大官要來，一般應該會忙著灌溉、修剪或拔除雜草，做好萬全的準備吧。

然而利休卻採取了完全相反的行動，他竟然在當天早上把整個庭園的牽牛花都摘光了。造訪庭園的秀吉對此完全摸不著頭腦，他不明就裡地進入茶室，卻發現茶室裡獨自插著一朵牽牛花。

如果是你，你會怎麼解釋這則軼事？比方說，假設「利休之所以摘光了所有牽牛花，是因為想用極簡化來襯托茶室裡的唯一一朵花」呢？這樣解釋不但合理，而且這麼想的人應該不在少數。

不過若是帶入與作品互動的觀點，我們應該還能想到其他答案。換句話說，**利休此舉的目的正是想打造一座與鑑賞者共同完成的庭園**。

如果讓秀吉看到被牽牛花填滿的完整庭園，你覺得他會有什麼反應？他或許會感動地讚嘆：「哇，真美呀！」但如此一來，這件事便會以秀吉的被動性鑑賞告終，繁花錦簇的庭園就只是繁花錦簇的庭園，不會有其他答案。

那如果向他展示花被摘光的空白庭園，和唯一一朵牽牛花的話呢？我想他一定會根據剩下來的一朵牽牛花，想像花朵在庭園裡盛開的模樣吧。**以這種方式誕生的想像中的庭園，或許比實際開著牽牛花的真實庭園來得更有深度且引人入勝**。空白庭園可以因為鑑賞者的想像而變化出無限多種可能。

## 十人十色的鑑賞感受

洛蘭的文藝復興風景畫就像是被牽牛花填滿的完整庭園，細細刻劃的優美風景雖然令人感動，卻沒保留多少讓鑑賞者自由想像的空間。另一方面，《松林圖屏風》則像是花被摘光的空白庭園。

請大家想像這件作品實際裝飾在房間裡的樣子。

《松林圖屏風》是兩扇成對的屏風，高約一．六公尺，略高於當時日本人的平均身高。每扇寬三．六公尺，寬度很寬，不過屏風立著的時候會摺成彎曲的蛇腹型，所以實際上會再短一點。

由於當時桌椅尚未普及，鑑賞者必須和屏風坐在同一塊榻榻米上，欣賞屏風上面的畫，因為是由下往上仰視，所以會覺得屏風看起來比實際更大。

接著，你會感覺自己好像融入了風景之中——冰涼的空氣包覆全身，這裡似乎是某座山林深處。深吸一口氣，感受泥土和苔蘚的潮濕氣味，某處還傳來鳥兒的鳴唱。陽光從樹木間的空隙灑落，松樹的綠逐漸鮮明。

以上只是我個人的鑑賞感受。實際的《松林圖屏風》只有黑色跟白色，而且只有局部畫著松樹，絕大部分是由空白組成，除此之外沒有任何資訊。

正因為如此，如果有十個鑑賞者就能產生十種不同的想像。與作品的互動能否成立和該作品所擁有的資訊量無關。不如說，像《松林圖屏風》這種保留空白，**容許鑑賞者與作品可以盡情互動的創作，才更容易成為作者與鑑賞者共同創作的作品**。

＊＊＊

我們在第三課針對「藝術作品怎麼看」進行了一場冒險。除了總是被揣測作者意圖的想法限制住的同學以外，原本覺得藝術可以任意解讀的人，是不是也對藝術作品的看法有更深入的了解了呢？

最後，我們一樣再從三種角度回顧上課內容，延展各位的探究之根吧。

BEFORE THE CLASS

**對《構成第七號》進行輸出鑑賞時，你覺得藝術作品應該要怎麼看？**

「我覺得自己在輸出鑑賞時，拚命想找出作者想畫什麼……」

「我在康丁斯基的畫裡發現了小丑和船，可是後來聽完作品的說明，我覺得自己的看法是錯的。」

「我一直以為鑑賞應該是要正確解讀作者想表達的事。」

AFTER THE CLASS

## 上完課以後，你現在對「藝術作品怎麼看」有什麼看法？

「我原本想在畫作中表現出希望，可是大部分的人好像都覺得氣氛很灰暗。但聽完其他人的想法後，我再看一次自己的畫，看起來卻跟之前不太一樣了。我起初單純想表現充滿光明的希望，現在則覺得是穿越充滿苦難與困境的漆黑隧道後所看到的更強烈的希望。大家讓已經知道答案的我有了新的發現。」

「我本來理所當然地認為答案只能有一個，不過現在我覺得同時存在很多個答案也不錯。」

「我們在第二課學到：『一個人的視覺會被他的知識和經驗影響。』這樣想來，即使看著同一幅畫，看到的結果因人而異也是很正常的。」

BEYOND THE CLASS

## 透過這堂課，你對課堂上的提問有什麼想法嗎？

「以前我對主觀的印象比客觀負面，但是上過這堂課，我覺得比起一味依靠客觀答案，偶爾仰賴自己的主觀感受也很重要。」

「我在別的課堂上發表時，有人提出和我不同的意見。如果是以前的我，應該會覺得和自己不一樣的意見很討厭，然而當時我卻覺得：『這也是其中一種意見，所以我應該要接受它。』課堂發表不只是為了表達己見並尋求認同，也是和其他人一起集思廣益、交換意見的地方。」

「聽到朋友說『A的個性很○○』時，我覺得自己被對方誤解了。不過，『我認識的我』、『朋友認識的我』和『父母認識的我』當然不會一樣，所以我開始試著接受不是只有『我認識的我』才是正確答案。這麼想之後，我比較少強迫自己表現真正的自我，感覺輕鬆多了。」

# CLASS 4

# 藝術的常識是什麼？

## ——從視覺到思考

## 擺脫常識限制的五個提問

總共六堂的藝術思考課到這一章剛好抵達折返點，只剩下一半了。

就像前面教過的一樣，二十世紀的藝術史無非就是脫離過去的藝術常識。察覺到畫如所見以及遠近法等長久以來的理所當然，在擺脫它們的同時，創造出屬於自己的答案——這種行為可謂是二十世紀藝術家們的共通特徵。

到了康丁斯基，藝術甚至脫離了描繪具象物的束縛，之後的藝術又會如何發展呢？希望大家在課程後半也能繼續跟著他們探求自己的答案軌跡，體會藝術思考的樂趣。

開始之前，我想先告訴大家在第四課終於要提到美的概念了。人們一直認為藝術就是創造看起來美麗的事物。**然而，藝術真的要看起來美嗎？**希望各位在第四課能夠用心思考**藝術的常識到底是什麼**。我們再來做一個簡單的習作。

動手做做看

## 五個關於藝術常識的問題

請回答以下五個問題，

在 YES 或 NO 上畫圈。

請依照自己的主觀作答。

答完後，也請想想看你為什麼這麼認為。

準備好了嗎？我們開始吧！

① 藝術必須追求美的事物。

為什麼？ YES／NO

② 作品必須由作者親手製作。

為什麼？ YES／NO

③ 製作優良的作品需要精湛的技術。

為什麼？ YES／NO

④ 優良的作品必須耗時費工。

為什麼？ YES／NO

⑤ 藝術作品必須用視覺品味。

為什麼？ YES／NO

馬上來看看大家的答案吧。經過前面幾課，好像也有人選了和以前不一樣的答案喔！

## ①藝術必須追求美的事物。

**【回答 YES 的人】**

「因為藝術是美術，也就是表現美的技術。」

「雖然可能也有不美的作品，但我還是希望它們看起來很漂亮、很舒服。」

「我的 YES 有一個但書——美的定義會因為當地的傳統、習慣及時代潮流改變，我認為藝術追求的是此時此地所定義的美。」

【回答 NO 的人】

「因為馬諦斯和畢卡索的畫雖然談不上美，卻被視為藝術。」

## ②作品必須由作者親手製作。

【回答 YES 的人】

「作為證明，作品上有作者的簽名。」

「如果把其他人的創作當成是自己的作品發表，那就成了抄襲或侵害他人的著作權。」

【回答 NO 的人】

「以音樂來說，即使詞、曲出自他人之手，在發表時也會以歌手的名字發表。」

「在創作過程中採用了他人建議的作品，嚴格來說也不能算是作者自己做的。」

「因為我們在第三課學過，作品可說是作者與鑑賞者的共同創作。」

### ③製作優良的作品需要精湛的技術。

【回答 YES 的人】

「我不認為只有畫得好看的畫才能算是好作品，但不論是多棒的靈感，沒有技術便無法成形。我覺得在擁有技術的前提下展現個人特色才是最理想的。」

「因為我聽說，畢卡索也在學生時代為繪畫技巧打下扎實的基礎。」

【回答 NO 的人】

「我覺得藝術的創作理念比好不好看或完成度更重要。」

「就算是小孩子的畫，在父母眼裡也是很棒的藝術。」

**④優良的作品必須耗時費工。**

**【回答 YES 的人】**

「我聽說畫的價格大多取決於面積大小，換句話說，面積越大、製作時間越長的作品價格就越高。」

**【回答 NO 的人】**

「有些作品雖然實際做起來很快，但是花了很多時間構思。」

「書法家寫字或攝影師拍照不用花多少時間，但其中也有很棒的作品。」

**⑤藝術作品必須用視覺品味。**

**【回答 YES 的人】**

「當然啊。倒不如說，除了用眼睛看以外，還能用什麼方法鑑賞藝術作品呢？」

「既然都有『視覺藝術』這個說法了，藝術當然必須用看的欣賞。」

「雖然可能也有用視覺以外的知覺來體驗的藝術，但即使是這種作品，應該也會同時用到視覺。」

**【回答NO的人】**

「我們在第三課看的《松林圖屏風》從想像畫裡沒有的東西來獲得樂趣，我覺得它不是用視覺，而是要用心品味的作品。」

「我去參觀過『teamLab』[29]的展覽，那是一種體驗型藝術，讓我沉浸其中。」

儘管有不少意見都說得很有道理，如果對照你自己的答案，又是如何呢？

這就是你現在的藝術常識，可是在這一課，這個常識或許會受到衝擊也說不定。

## 「影響藝術最深的二十世紀作品」第一名

延續剛才請大家思考的五個問題，我們馬上來看第四課要介紹的主要作品吧。我在第三課有稍微預告過，這次要請大家看的是藝術家馬歇爾・杜象（一八八七～一九六八）的作品。

杜象出生在法國一個充滿文化氣息的家庭，從小便立志成為藝術家，和馬諦斯一樣在朱利安學院學習繪畫基礎（雖然他一天到晚都在打撞球，完全不是一個認真的好學生）。在他展開藝術家生涯的初期作品中，還可以看到一些油畫作品受到第二課介紹過的畢卡索的觀點影響。

馬歇爾・杜象（1927 年左右）

那麼我們直接來看下頁左邊的作品吧。這是杜象在三十歲時發表的作品《噴泉》。因為光從照片很難想像實際的樣子，請讓我補充一點說明。

首先，它不是繪畫而是一件立體作品。因為是陶瓷所以表面很光滑。尺寸約四十公分，大約是可以用兩手托起的大小。

《噴泉》被認為是藝術史上極為重要的一件作品。它甚至在二〇〇四年英國一個由五百名專家進行的投票當中，被票選為「影響藝術最深的二十世紀作品」第一名[30]。順帶一提，第二名是畢卡索的《亞維農的少女》。

可是，你認為呢？乍看之下，是不是很難覺得這件作品很棒呢？

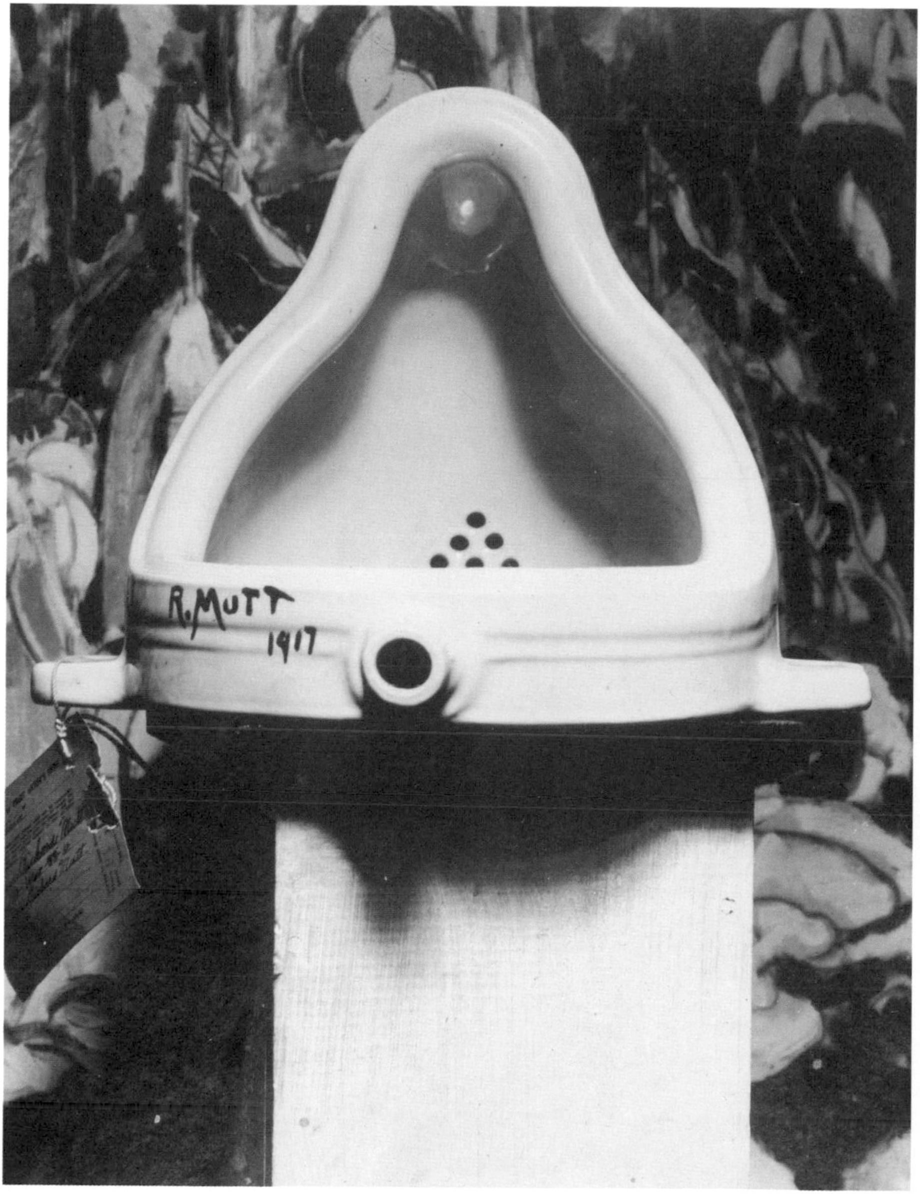
R. MUTT
1917

## 第一步只用視覺

與之前看過的作品相比，《噴泉》的特徵似乎少得可憐，但如果用輸出鑑賞來觀察，說不定會有新的收穫。首先，讓我們在仔細觀察作品的同時，輸出發現到的地方。

接著再結合為什麼這麼想（對意見詢問事實）、對此怎麼想（對事實詢問意見）這兩個問題，進一步探究這些發現吧。

「是一個三角錐形的物體。」

「上面有六個洞。」

——**對此怎麼想？**

「感覺有水會從洞裡流出來。」

「可能水積滿了就變成《噴泉》。」

「前面的管子會噴水嗎？」

「上面有『R. MUTT』的簽名。」

「『MUTT』要唸成『穆特』還是『馬特』？」

**——對此怎麼想？**

「和作者的名字（杜象）不一樣，好在意是誰喔。」

「可能是持有者的名字吧？」

「字寫得很潦草。」

「年分可以看成一九一九或一九一七，哪一個才對？」

**——對此怎麼想？**

「或許不是作者，而是某個不在乎這個作品的人後來寫上去的？」

「形狀超像小便斗的（笑）。」

「材質也很像小便斗。」

**——對此怎麼想？**

「尺寸很小，應該是寵物用的便盆吧？」

「那『R. MUTT』就是寵物的名字？」

「感覺髒髒的，不太舒服。」

「這邊原本接著水管嗎？」

「我覺得它本來應該被安裝在牆壁上。」

**——為什麼這麼想？**

「左右兩邊有安裝用的突起。」

**——對此怎麼想？**

「好奇怪喔，如果它原本被裝在牆上，簽名的方向就顛倒了。」

「我覺得應該是某種有實用性質的工具。」

「洗臉台之類的嗎？」

「搞不好是用來煮飯的。」

## 《噴泉》意外的由來

大家猜的都不一樣呢。你有發現這個作品原本是什麼了嗎？

在大家的輸出鑑賞中已經出現過答案了，其實這是一個男用小便斗。看不出來的人，請把照片倒過來看，接觸底座的那一面原本應該貼在牆上，正前方的大洞則用來連接小便斗上面的水管。

竟然偏偏選擇把小便斗做成作品，想法實在有夠另類的吔！那麼，是杜象做了這個小便斗的嗎？不，他壓根兒沒有參與製作過程。這就是一個會出現在路邊公廁裡的那種普通小便斗。**杜象以作者身分所做的事，只不過是挑了一個小便斗把它倒過來放，在角落簽名並為其命名為《噴泉》——僅此而已。**

即使是覺得前面的課程內容很有趣的人，看到一個小便斗的藝術作品，可能也會驚訝得不知該如何反應，甚至會覺得很生氣吧。

不過這麼想的人絕對不是只有你們，因為《噴泉》在當時可是連要進入展場參展都被拒於門外的超級問題作品。

## 震驚社會的問題作品

杜象在明知故犯的前提下製作了這個問題作品。在《噴泉》發表當時，三十歲的杜象已經以藝術家的身分獲得一定評價，並在紐約某個展覽擔任執行委員。該展覽對外公開徵件並標榜：只要支付六塊美金的展示費，任何人都能不經過審查，直接展出作品。

杜象看中了這點，決定展出《噴泉》。但是礙於執行委員的身分，他使用了假名，因為他希望其他人不要因為委員的作品這種有色眼鏡，而是以公正客觀的眼光審視作品。作品上的簽名「R. MUTT」背後有著這樣的考量。

然而，明明是不須經過審查的公開徵件展覽，這個作品最後卻沒能展出，理由是**執行委員們判斷「這只是一個小便斗，不是藝術」，所以不該被放在展覽**

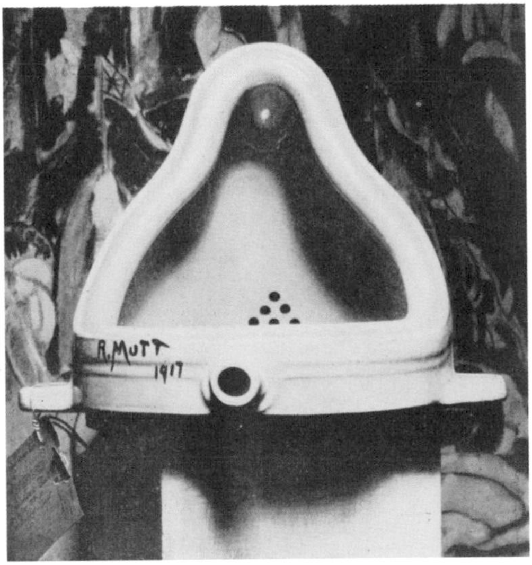


會場。

雖然杜象也是執行委員之一，但他卻隱瞞自己就是「R. MUTT」的事實，擺出一副事不關己的態度，旁觀其他委員做出這個判斷。

在這之後，他才採取了行動。展覽結束後，他突然在和其他友人聯合發行的藝術雜誌[31]上刊登了《噴泉》的照片，沒能參展的《噴泉》透過這則報導出現在世人面前。

因此，各位在看到《噴泉》時驚訝地質疑：「這真的算是藝術嗎？」這種反應一點也不奇怪。倒不如說，杜象正是為了引發這種議論，才刻意發表了這個作品。

假若《噴泉》從一開始就被當成傑作，順利在該展覽上展出的話，杜象的期待應該會大大地落空吧。

## 是真的看得懂？還是只是湊熱鬧？

二〇一八年上野的東京國立博物館舉辦了以杜象作品為中心的特展[32]，《噴泉》也登上了宣傳海報，被當成該展覽的重點展品。我去參觀這個展覽時，也順便觀察了其他人如何鑑賞這件作品。

《噴泉》被放在一個高度差不多及腰的白色底座上，上面罩著玻璃罩。許多參觀民眾在這裡駐足，有的人像是要把它烙印在視網膜上，彎腰把臉湊得很近；有的人則是慢慢繞著玻璃櫃，從各種角度來觀察。

鑑賞者逐一檢視這件作品的外型、質感、表面細微的刮傷以及上面的簽名。我一邊觀察這些鑑賞者的舉動一邊想：「如果杜象也在這裡的話，看到這些人的舉動，他會有什麼反應呢？」

雖然對認真參觀美術館的人很失禮，不過我想杜象一定會嗤之以鼻吧。事實上，針對《噴泉》這件作品，他曾經說過：「我選了最不可能被大家喜歡的東西。如果不是有什麼奇怪的興趣，應該沒人會喜歡小便斗吧。」[33]

《噴泉》使用的小便斗既非出自杜象之手，在造型上也沒有任何特別之處，就連他唯一親自完成的簽名，也只是用黑色墨水草草寫了幾筆，而且寫的還是假名。

儘管被展示在美術館的漂亮玻璃櫃裡，彷彿在告訴大家歡迎參觀，然而當時在那裡的，依舊只是個普通的小便斗而已。

## 《噴泉》想表達的真意

「即便如此，它的價值應該是在於，它是唯一一個由知名藝術家親自挑選，而且還附上親筆簽名的小便斗吧。」

有些人或許會這麼認為，覺得這個小便斗也具有被視為歷史文物的價值。

但是很遺憾地告訴大家，這個可能性非常低。

事實上，民眾在上野的東京國立博物館看到的《噴泉》，是美國費城藝術博物館（Philadelphia Museum of Art）所收藏的複製品。

杜象用來參展並刊登在雜誌上的原作不曾被展示出來就不見了（八成是被當成垃圾丟掉了）。也就是說，親眼看過第一代《噴泉》的人，只有展覽的執行委員等少數人而已。

就算是這樣，為什麼原作和複製品要使用不一樣的小便斗呢？製作一模一樣的複製品應該很簡單啊。其實這是有原因的。

《噴泉》發表後經過了一段時間，一九五〇年一個名叫賈尼斯（Sidney Janis）的美術商人想在自己開設於曼哈頓的畫廊所舉辦的展覽上展出《噴泉》，但就像前面所說一樣，這件作品當時已經不見了。

於是賈尼斯做出了一個驚人之舉——他從跳蚤市場買了一個二手的小便斗，請杜象在上面簽名。收到如此無禮的請求，大家可能會覺得杜象一定氣炸了吧。然而，杜象爽快地一口答應了賈尼斯的要求，為小便斗重新簽上「R. MUTT 1917」。

民眾在東京國立博物館看得目不轉睛的重點展品《噴泉》，其實根本不是杜象親自挑選，**而是身為第三者的美術商人從跳蚤市場買回來的普通的二手小便斗**。

看到這裡，剛才那種驚訝或生氣的感覺是不是又回來了呢？難道這件作品真的只是杜象惡質的惡作劇嗎？其實並非如此。《噴泉》之所以被評為「影響藝術最深的二十世紀藝術作品」，是因為人們不把它視為單純的惡作劇，而是基於杜象的探究所開出的表現之花。

那麼，杜象究竟想要透過這個奇怪的作品表達什麼呢？我想從藝術植物的脈絡來說明。

## 從視覺轉向思考的最後步驟

前面已經說過，在文藝復興繪畫的價值觀底下，「花（＝作品）」的精美程度是決定作品優劣的關鍵。

換句話說，能不能用視覺享受才是最重要的。正因為如此，把眼睛所見的世界畫出來的遠近法才會風靡一時。

相較於此，二十世紀的藝術則將探究之根一併納入視野，我們前面讀到的馬諦斯、畢卡索及康丁斯基等人，都認為在培育表現之花的過程中長出來的探究之根才是藝術的核心。

可是與此同時，他們也很重視作品這朵表現之花，**因為他們的探究過程終究必須符合「能用視覺享受」這個條件為前提**。

杜象注意到的正是這點。

事實上，《噴泉》排除了「能夠用視覺享受的所有要素」，除了作品本身是小便斗之外，它也和「美」這個字沾不上邊，應該還有人甚至不想看，也不想摸到它吧。

換言之，**《噴泉》無非是一件把表現之花縮到最小，反之把探究之根放到最大的作品**。

我們可以說，杜象企圖透過這件作品，把藝術從視覺的領域完全轉移到思考的領域。

於是，馬諦斯、畢卡索以及康丁斯基把藝術從表現之花一步步導向探究之根的行動，最終由杜象完成了最後一步。

了解這些以後，請大家再看一次《噴泉》，這次請不要用眼睛，而是試著用頭腦來看。

雖然我們在只用眼睛看的輸出鑑賞沒有太大的收穫，但如果用頭腦鑑賞，應該會發現這件作品不正是在向我們提出可以觸發思考的提問嗎？

還記得我在一開始的習作請大家思考的五個問題嗎？

□藝術必須追求美的事物嗎？
□作品必須由作者親手製作嗎？
□製作優良的作品需要精湛的技術嗎？
□優良的作品必須耗時費工嗎？
□藝術作品必須用視覺品味嗎？

在這邊要告訴大家，其實這些全都是我自己在鑑賞《噴泉》時腦中浮現的疑問。

杜象透過他獨到的觀點，對藝術的所有常識提出質疑，其中讓他最在意的正是藝術真的必須追求美的事物嗎？杜象沒有對湧上心頭的這個疑問置之不理，而是發揮了他的探究心。最後，他開出名為《噴泉》的表現之花，創造了不用眼睛，而是用頭腦鑑賞的藝術。

＊＊＊

我之前說過，二十世紀的藝術史是藝術脫離過去的理所當然的歷史。馬諦斯是顛覆畫如所見，畢卡索並非用遠近法表現寫實，而康丁斯基則不是描繪具象物，他們讓藝術擺脫這些常識的束縛，創造自己的答案。

接著，杜象用《噴泉》**打破了「藝術作品＝肉眼可見的美」這個至今沒有人懷疑過，也是最根本的常識，將藝術帶往思考的領域。**

實際上，杜象曾經在許久之後表示：「我試圖摧毀美學。」[34]

然而，據說就連對杜象非常了解，蒐集了很多杜象作品的收藏家，在初次見到《噴泉》時都理解成「杜象也許是注意到小便斗潔白並散發出光澤的美」，可見「藝術＝美」的前提有多麼根深蒂固。

杜象解放了以往只能是視覺藝術的藝術，讓未來的可能性獲得爆炸性的突破。而這正是《噴泉》之所以被譽為「影響藝術最深的二十世紀作品」的重要原因。

另一個視角

# 讓杜象相形見絀的「問題茶碗」

接下來，讓我們換一種角度來思考藝術的常識吧。這次要請大家看的作品是《黑樂茶碗　銘俊寬》，這是由第三課介紹過的茶道大師千利休親自設計，並委託名叫長次郎的陶藝師傅製作的逸品。利休訂製了一系列的「黑樂茶碗」，經常在茶會上拿出來使用。

這個茶碗也被日本政府指定為重要文化財，在此介紹一段關於它的說明：

「（承前）本茶碗自古馳名天下。端正中帶點柔和的形狀與黑釉相輔相成，在展現沉穩內斂的長次郎黑樂茶碗中實屬上等佳作。」[35]

雖然這段文字把它捧得很高，不過請看這件作品。

## 與其說是簡樸，更像是粗製濫造

大家覺得怎麼樣？讀完說明再看或許會覺得看起來的確很有重要文化財的樣子，但乍看之下的真實感想，應該是：「呃，好像有點言過其實了吧？」這種想法絕對沒有錯。

因為《黑樂茶碗》其實是一件讓杜象相形見絀的問題作品。為了證明這一點，我們來比較看看《黑樂茶碗》以及從當時就被視為最頂級的茶碗吧。用來比較的作品是下一頁的《曜變天目[36]》，這是中國南宋時代製作並傳入日本的陶器，至今仍是擁有許多粉絲的日本國寶。

雖然大家可能會把茶道和日本文化畫上等號，然而茶道本是從中國傳進日本，因此當時的人普遍認為日本製的茶具很低俗，反而偏愛來自正宗茶道大本營的中國茶具。

《曜變天目》呈現如宇宙般神祕優美的色彩，看起來恰似星辰的花紋會

《曜變天目》（又名《稻葉天目》）十二～十三世紀，靜嘉堂文庫美術館。
©Seikado Bunko Art Museum Image Archives / DNPartcom

隨著觀賞的角度改變色澤，表面宛如寶石般閃閃發光，因為使用製陶拉胚時的塑臺轆轤成形，所以形狀工整無瑕。

另一方面，《黑樂茶碗》又是如何呢？由於不使用轆轤，純粹以手工製成，導致它的外型非常扭曲。杯緣光用看的就知道並不平整，表面凹凸的痕跡也很明顯。

它不像《曜變天目》有美麗的花紋與色澤，顏色也是清一色的黑，實在看不出來作者有在上面下工夫。

除此之外，它還是當時被視為劣等品的日本製品。受利休委託製作《黑樂茶碗》的長次郎是一個充滿謎團的人，但有一說他的本業是製作屋瓦的瓦片工匠，在製作茶碗上根本是一個大外行。這樣一比就可以看出《黑樂茶碗》與過去世人偏好的茶碗有著天壤之別。

## 用觸覺鑑賞的茶碗

利休到底為什麼要特地設計出這種茶碗，而且還對它愛不釋手呢？為了思考這個問題，請大家想像一下這個茶碗出現在茶會上的樣子[37]。

利休偏愛狹小的茶室，有的甚至只有兩個榻榻米這麼大（約三．二四平方公尺），入口是位於茶室下方的木製小推門，必須彎腰才能爬進室內。

茶室內部非常樸素，牆壁是未經雕琢的土牆，壁龕掛著一幅掛軸，下面擺著一盆花，裝著花的則是利休用柴刀砍回來的簡陋竹筒。厚厚的土牆上方有一扇小窗，上面糊著和紙，這扇窗戶是茶室唯一的光源，根據季節、時間或天氣條件，可以想見室內昏暗的景象。

利休就在這裡點茶，並將一個漆黑的茶碗推到你面前，而你無法像以前欣賞其他茶碗一樣欣賞它的外在之美。當你捧起《黑樂茶碗》時，手掌可以感受到它凹凸不平的表面以及茶的溫度。把茶碗靠近嘴邊，嘴唇貼在歪斜的杯緣，熱茶緩緩流入口中，茶的溫度一點一滴地慢慢滲透到全身。

看到這裡大家懂了嗎？**利休也許是刻意讓《黑樂茶碗》排除用視覺享受的要素，藉此打造不用視覺，而是用觸覺品鑑的茶碗吧。**

實際上，利休本人並沒有對此留下隻字片語，所以我們無從得知他當初設計這個茶碗的意圖。不過換個角度來說，《黑樂茶碗》這件作品也保留了解釋的空間，讓鑑賞者可以透過與作品的互動自由發揮，找到屬於自己的答案。

二十世紀的藝術因為杜象把和美學完全沾不上邊的小便斗塑造成作品，破壞了藝術＝視覺藝術的常識，讓藝術從視覺轉向思考的領域。

然而早在三百多年前，在與西方相隔遙遠的日本，**利休就已經刻意排除能夠用視覺享受的要素，創造了用觸覺鑑賞的藝術。**

＊＊＊

我們在第四課深入探討了「什麼是藝術常識？」這個問題。只能用視覺品鑑作品的美才算是真正的藝術鑑賞嗎？應該也有可以用思考或觸覺來體驗的鑑賞吧。

杜象和利休開出的表現之花向我們提出最根本的疑問，使得藝術常識搖搖欲墜。上完這堂課，請大家從以下三種角度來回顧，延伸你們的探究心吧。

BEFORE THE CLASS

**在回答「五個關於藝術常識的問題」時，你是否被某種常識限制住了？**

「我原本以為『作品必須由作者親手製作』這題的答案絕對是『YES』。」

「在『藝術作品必須用視覺品味』這題，我認為可以用聽覺或其他感受去品味所以選了『NO』。不過，我完全沒想過竟然有要用頭腦思考的藝術！」

AFTER THE CLASS

## 上完課以後，你現在對「藝術的常識」有什麼看法？

「剛看到《噴泉》時，我覺得小便斗很髒、很噁心，所以感想都很負面。不過，那是因為我在鑑賞時只用了視覺，後來使用仔細思考後徹底改觀了。思考藝術雖然很難，但是很有趣！」

「我發現自己以前一直用水彩、鉛筆、油畫、黏土或雕刻等『畫材』或『方法』來稱呼藝術。但我現在覺得用這些畫材或方法『表現某種事物』才是真正的藝術。」

「不只是《噴泉》，我原本認為藝術就是透過視覺接收，再用頭腦品鑑。因為眼睛只是感覺器官，從感覺器官接收到的訊號會在大腦處理，因此鑑賞藝術作品本來就是在用頭腦暢遊想像中的世界。」

「我在鑑賞《噴泉》時產生了一個疑問：雖然《噴泉》這個作品的確是以思考為主，但既然把小便斗放在美術館裡展示，就代表它也可以透過視覺鑑賞。所以我認為《噴泉》在某種意義上依然脫離不了視覺。」

BEYOND THE CLASS

## 透過這堂課，你對課堂上的提問有什麼想法嗎？

「上完課不久之後，我參加了煙火大會，雖然煙火一般是用眼睛觀賞，但我試著閉上了雙眼。結果，除了很大聲的『砰』以外，我還聽到細碎的『嘩啦嘩啦』，就連四周賞煙火的人群嘈雜聲都聽得比平常更清楚了。」

「眼睛是人類最發達的感覺器官，有九成左右的資訊都是透過視覺接收，但是小嬰兒也會使用其他感官，所以才會什麼都想要伸手去摸，或是放進嘴裡。從今以後，我想刻意多使用視覺以外的感官。」

「憑感覺、看天分和感性與直覺的右腦是我以前對藝術的印象，如今我終於知道還有用頭腦鑑賞的藝術，才發現原來比較偏向左腦型的我也可以享受藝術的樂趣。」

# CLASS 5

# 我們究竟看到了什麼？

## ——窗戶和地板的思考實驗

## 我們沒注意到的共通點

藝術思考是一種不被過去既存的正確答案左右，透過獨到的觀點，探究屬於自己的答案的方法。二十世紀的藝術家們正是經歷了這樣的過程，比起開出漂亮的花，他們更重視延展探究之根，所以創造出來的作品經常是奇形怪貌。到了堂而皇之地把男用小便斗稱作藝術作品的杜象，終於讓人有種「終於到了這種境界啊～」的感覺呢。

過去的藝術以視覺鑑賞為主，但就連這個前提也被捨去。正當我們開始想：「應該不會有人比他更誇張了吧？」然而，藝術家們的冒險依舊繼續著。

鑑賞或製作藝術作品時，我們是否還是會根據某種前提？**「藝術就應該要○○」，這種常識是否依然深植在我們內心的某個角落？**

這些常識就像是有色鏡片，讓人很難察覺它的存在。可是如果我說，**限制視覺的常識可以察覺呢？**接著請看 P.193 的習作吧。

動手做做看

## 五分鐘塗鴉

這次的習作要請你們用鉛筆塗鴉。
塗鴉時有一點請注意：
盡可能畫出一張
和「其他人沒有共通點的圖」。
因為只是單純的塗鴉，
要畫什麼都沒關係。
不用覺得有壓力，
照自己喜歡的來畫就好。
準備好了嗎？
我們開始吧！

第五課我想請大家深入思考：「我們看到的是作品還是常識？」那麼各位都畫好了嗎？應該有很多人在學生時期，有過在筆記本或講義邊緣塗鴉的經驗吧。你們有像當時一樣放空思緒，隨意塗鴉嗎？

在下一頁，我從學生們的塗鴉裡面挑出了六張作品。以塗鴉來說，大家都畫得很棒。儘管塗鴉只是一件稀鬆平常的小事，一旦變成老師的要求，大家可能還是會有點緊張。

**這一次我們要來找這些塗鴉的共通點**。因為大家都是按照自己喜歡的來畫，乍看之下每張圖都毫不相干，不過請各位試著找出這六張圖的共通點吧。

## 六張圖都有的共通點是什麼？

1

2

3

4

5

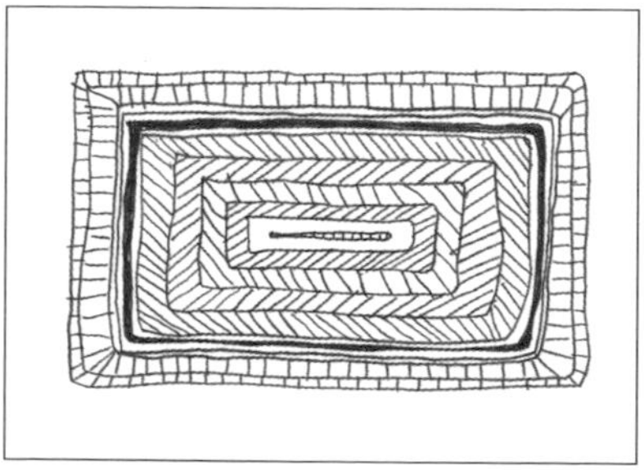

6

「除了④號作品以外的圖都是平面的。」

「除了⑤號作品，每張圖畫的都是自然界有的東西。」

「只有④和⑤是用了整張紙。」

「嗯——硬要說的話，應該是每張圖都有輪廓線吧。」

「因為是用鉛筆畫的，所以每張圖都是黑白的。」

「是都有很多留白這點嗎？」

**儘管可以舉出某幾張圖的共通點，卻很難找到每張圖都有的共通點**。你找到了嗎？我們先暫時不管這些塗鴉有什麼共通點，直接來看第五課最主要的藝術作品吧。

這堂課要看的畫是藝術家傑克森．波洛克（Jackson Pollock，一九一二～一九五六）在一九四八年所發表的《第1A號》。這幅畫作的高度約一．七公尺，相當於一個成年男性，寬約二．六公尺。請你們在鑑賞時，記得這是一幅非常大型的作品。

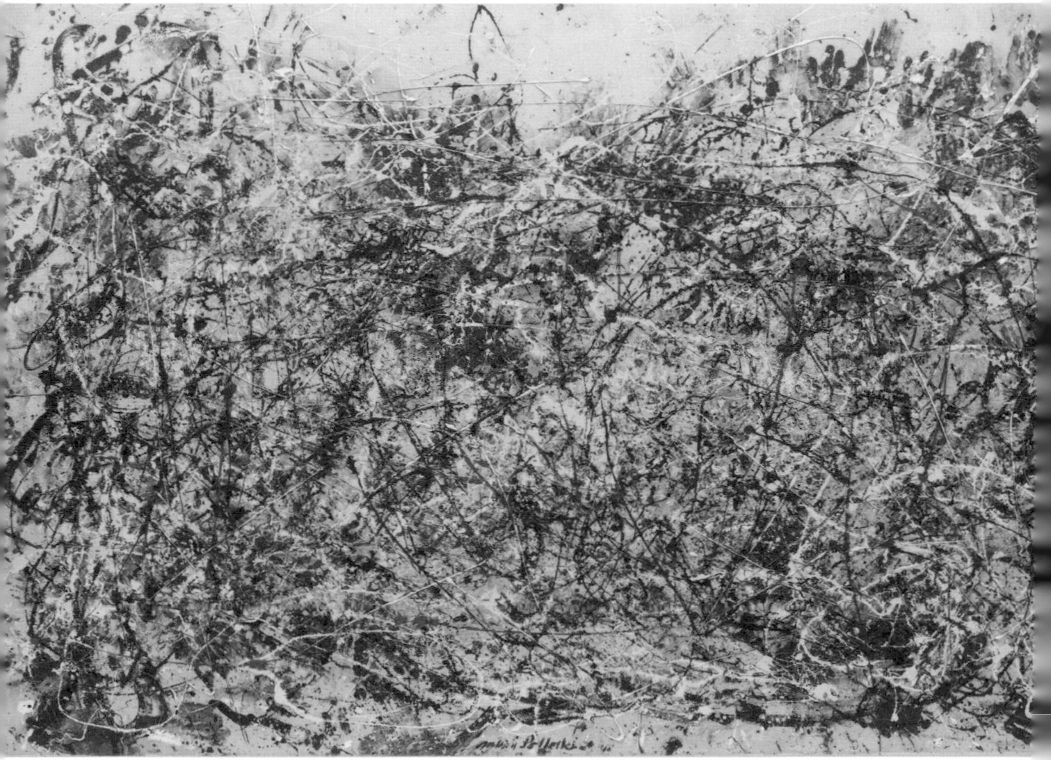

## 以史上第五高價成交的藝術作品

前幾課介紹過的四位藝術家馬諦斯、畢卡索、康丁斯基和杜象，活動據點都在當時被視為藝術中心的歐洲，尤其是法國。相較之下，波洛克則是生於第一次世界大戰爆發前夕的美國，在紐約進行創作活動。

當時在長期戰事下成為犧牲品的歐洲國土荒廢，經濟蕭條。另一方面，免於戰火波及的戰勝國美國則逐漸成為國際社會的中心。伴隨國際情勢轉變，藝術的中心地也從巴黎遷往紐約。相較於歷史悠久著重傳統藝術色彩的歐洲，新時代的藝術在美國以驚人之勢迅速蔓延。

波洛克在這股潮流中扮演著決定性的關鍵角色。時至今日，波洛克的《第1A號》依然在藝術史上備受讚賞。**同一時期，以相同手法創作的《第17A號》則是以史上第五高價成交的藝術作品廣為人知**[38]。

看完說明後各位讀者覺得呢？我猜應該有很多人納悶地歪著頭，心想：

「這種亂七八糟的畫居然可以獲得好評……就是因為這樣，我才說藝術很難懂嘛！」你們想得很對，這幅畫看起來的確不怎麼名貴。

## 畫作中的訊息

雖然大家可能會疑惑這幅畫為什麼會受到好評，為了更直接地理解作品，我們還是先進行輸出鑑賞吧。請大家在輸出感想時，特別注意「**這幅畫是怎麼畫的**」。那麼，我們開始吧！

「很像是閉著眼睛畫的。」

「他作畫時應該在放空吧。」

「是喝醉之後畫的嗎？」

「感覺他很心浮氣躁。」

**——為什麼這麼想？**

「因為有很多彷彿是生氣亂畫的凌亂線條。」

「因為顏色以黑白為主，色調很暗。」

「我覺得他應該是直接把顏料擠在上面畫的。」

「這樣好像會用掉很多顏料吔。」

「可能用了類似在大阪燒上擠美乃滋的那種工具吧？」

「作者可能不止一人，而是有好幾個人。」

「看起來很像用美工刀在上面狠狠地亂割。」

「我猜他拿沾著顏料的筆在畫布上揮灑。」

**——為什麼這麼想？**

「因為有很多像是白色的直線。」

「他可能先用了黑色顏料，之後才用白色顏料。」

「我覺得白色顏料的黏稠度較高。」

**——為什麼這麼想？**

「仔細看會發現白色的部分有陰影，代表顏料多到突起來了。」

「除了黑色和白色之外，他還用了灰色。」

「應該是混合這兩種顏色調出灰色吧。」

「上面有紅色和黃色的點點。」

「感覺很像滴落的水滴，像是把顏料一點、一點地滴在畫布上。」

「看似在隨便亂畫，用色卻意外地協調。」

「這幅畫好像沒有上下之分。」

「啊，下面的中間有簽名！」

「右下角和左邊有像是黑色手印的圖案。」

「右上角的黑影難道是腳印嗎？」

**——對此怎麼想？**

「從這幅畫可以看出作者移動的軌跡。」

大家對「這幅畫是怎麼畫的」提出了各種臆測，雖然《第１Ａ號》怎麼看都像是用畫筆在上面隨便亂揮，不過仔細觀察的話，還是有很多意外的收穫。

和大家猜想的一樣，波洛克在這幅畫裡使用了與眾不同的畫法，這和把紙鋪在桌上，或是把畫布板裝在畫架上等一般的方法截然不同。

波洛克先是把一大張畫布直接鋪在房間的地板上，接著一手拿著裝滿顏料的罐子，一手握著筆或木棍，讓上面沾滿顏料之後，再揮動手腕把顏料灑上畫布。波洛克並沒有坐著作畫，而是在畫布周圍走來走去，時而將顏料直接倒在畫布上，時而把沾到手掌或鞋底的顏料抹在上面。

可是如果只是因為用了創新的畫法就成為「史上第五高價成交的作品」，大家應該還是無法釋懷吧。**其實波洛克之所以成為青史留名的藝術家，不是因為他用的畫法很稀奇，而是因為他透過這種畫法，創造出獨創的答案**。

而《第１Ａ號》這幅作品，則是他對於「什麼是只有藝術才做得到的事」這個自相機問世以來，藝術家們就不斷追求的問題所提出的終極答案。

傑克森・波洛克在作畫時來回走動的模樣（1950 年左右）

## 其實你根本沒看見——窗戶和地板的思考實驗

在深入波洛克的探究過程之前，我想先跟大家進行一個實驗。看書看到這裡，眼睛應該累了吧，就當成是在轉換心情，請大家務必試試看。

**首先，請你看著窗戶五秒鐘，可以在心裡默數一到五。**

**接著，再把目光轉向地板，心中默數五秒。**

預備，開始！

＊　＊　＊

感謝大家的配合，當然這麼做的目的不只是單純為了放鬆眼睛。

首先請你回想自己看著窗戶時看見了什麼？藍天、白雲、隨風搖曳的樹木、隔壁的房子、高聳的大廈還是路過的行人，你實際看見的恐怕是窗戶另一側的風景吧。

**雖然我請大家「看著窗戶」，不過應該沒有人是看著窗戶本身的透明玻璃吧**。在藝術作品中繪畫就像是「窗戶」，鑑賞繪畫時，我們透過這幅畫看見畫中的圖像。

聽到「請看著窗戶」，沒有人會看著透明玻璃；同理，**在被要求「看著這幅畫」時，也應該沒人會看著掛在牆上的繪畫本身**。

因為這邊的內容比較複雜，請大家根據實例一起想想看。請參考上圖，這是**雷內．馬格利特**（Rene Magritte）的作品。

當我們看著這張圖片時，我們看見的是菸斗這個圖像。然而，這個圖像只不過是存在於我們大腦內的虛構物體。如果說菸斗的圖像純屬虛構，那麼現實是什麼？**現在在你眼前的又是什麼？**

倘若你看的這本書是紙本書，存在於現實世界的就是印著特定序列的墨水的紙；如果你用的是電子書閱讀器或智慧型手機，答案則變成依特定組合發出彩色光的液晶螢幕。假使你親臨美術館鑑賞實際畫作，放在你面前的則是油彩塗布成某種形狀的畫布。

其實馬格利特的這張菸斗圖正是在諷刺這件事實。畫中的法文「Ceci n'est pas une pipe.」意思是「這不是菸斗」。在成為菸斗的圖像之前，這張畫是個立體物質，而實際存在於現實世界中的，無非都只是物質而已。

但有趣的是當我們望向這些作品，畫布和油彩或紙和墨水這些物質卻會像窗戶一樣變成看不見的存在完全隱形。**此時，塗著油彩的畫布這個現實沒入背景，我們看見的是菸斗的圖像**。

假如有一根真正的菸斗掉在地上，即使是小狗應該也會發現吧。牠或許會聞聞味道，把菸斗當成新玩具叼到其他地方。然而，就算把畫著菸斗的畫布放在地上，小狗的大腦也不會出現菸斗的圖像，因為在牠的理解當中那只是作為物質的畫布，搞不好還會在上面打盹也說不定呢。

這種看見圖像的能力（想像力）算是人類的特殊技能，但也正因如此，**作為物質的繪畫本身卻從我們的視野中消失了**。

## 《第1A號》想讓我們看見的東西

解釋完窗戶以後，接著請大家回想地板。**剛才看著地板時，你的眼睛看見了什麼？**已經沒什麼印象的人，請你們現在再看一次。

此時你看見的應該是地板本身，也許是木板、地毯、水泥或榻榻米這些地板的材質，或者是附著在上面的灰塵、毛髮還有汙漬等等。有別於窗戶，看著地板時我們看不見地板的另一側，映入眼簾的只有地板本身。

**與被比作窗戶的繪畫正好相反，波洛克的《第1A號》更像是地板**。你看見的木板、地毯、水泥或榻榻米相當於《第1A號》的畫布，而地板上的灰塵、毛髮、汙漬則相當於畫布上的顏料。

《第1A號》就跟地板一樣，既不透明也少有景深。就跟我們無法看見地板另一側是一樣的道理，從這幅畫裡面也看不出任何圖像。相反地，我們看見的只不過是「表面塗滿油彩的畫布」這個物質，僅此而已。

這樣懂了嗎？**波洛克創作這幅畫的用意，其實是為了讓我們看見作為物質的繪畫本身。**

## 繪畫成為「繪畫本身」的瞬間

「我當然知道畫是由顏料和畫布組成的啊！」

「波洛克的獨創答案有這麼了不起嗎？」

有些人或許會這麼想。然而在此之前的漫長藝術史中，無論是畫的人還是看的人，都不曾質疑過畫被當成「透明玻璃」的情況。甚至完全沒意識到自己只看見畫裡的「圖像」。

波洛克注意到的正是這點。

「如果世界上存在不需依存其他事物的『藝術本身』，那麼它會是什麼模樣？」——為了尋找這個問題的答案，波洛克開始延伸他的探究心。在這場探究之旅的最後，誕生了名為《第1A號》的作品，綻放出的光芒與過去的作品有著最根本的差異。

「什麼是只有藝術才做得到的事？」因為相機的出現而浮上檯面的這個問題為二十世紀的藝術史揭開序幕。接著，馬諦斯、畢卡索、康丁斯基和杜象分別從畫如所見、遠近法呈現的寫實、描繪具象物和藝術＝視覺藝術等固定觀念中解放了藝術。

輪到波洛克時，**他以《第1A號》為藝術卸下反映圖像的職責，自此繪畫終於能夠只是單純的物質了**。在這層意義上，與其說波洛克「畫」了這幅畫，不如說他是用顏料和畫布這些物質「製作」了《第1A號》還比較貼切。波洛克創造的這個答案，無疑是對「什麼是只有藝術才做得到的事」的最終解答。

＊＊＊

繞了一大圈，我們總算回到在課堂一開始討論的「六張塗鴉的共通點」（P.195）了。重新再看一次這六張塗鴉，你有沒有發現它們全部都反映著某種圖像呢？

此外，大家在尋找共通點時，依舊是看著畫裡面的圖像，因此才會出現「除了⑤號作品，每張圖畫的都是自然界有的東西」這樣的答案。

**若從波洛克的觀點來看，這六張塗鴉有一個不容置疑的共通點，那就是它們都是「用石墨和黏土的混合物（＝鉛筆芯）在紙上摩擦後留下的物質」。**

假如請波洛克「畫一張和其他人沒有共通點的塗鴉」，不知道他會用紙和鉛筆製作出什麼樣的畫呢？

## 另一個視角

## 繪畫有無限多種解釋

波洛克的《第1A號》成功點出我們在鑑賞或創作繪畫時所忽略的前提，我們不知不覺都陷入了繪畫必須反映某種圖像的迷思。我們要再更進一步，從新的角度思考「我們的眼睛看到了什麼」。

首先，請看下一頁的作品。

## 大人和小孩的觀點差異

「這根本是小孩子的畫吧……」

這麼想的人，請你們放心，因為這真的是一個兩歲小女孩的作品。她畫好之後，興高采烈地對著母親說：「妳看！」

如果你是這個小女孩的父母，看到這張圖，你會對她說什麼？在以下選項中有你想到的答案嗎？

1 「好棒喔！妳畫的是什麼？」

2 「是彩虹嗎？」

3 「這個圓圓的是什麼呀？」

我們來看一下當時小女孩和母親的對話。

小女孩：「妳看！」

母親：「妳畫了什麼啊？」

小女孩：「……」

母親：「彩虹？」

小女孩：「……」

母親：「嗯，是什麼呢？」
小女孩：「……」
母親：「（指著咖啡色的部分）可樂餅？」
小女孩：「……」

明明是小女孩自己笑著向母親搭話，聽到母親的問題，她卻只是一直用欲言又止的表情歪著頭。最後，她的注意力轉移到其他地方，拋下進行到一半的對話，自顧自地跑去玩別的玩具了。結果這位母親還是不知道小女孩在畫圖時究竟在想些什麼。

請問，小女孩到底看見了什麼呢？接下來的內容是我自己的想像。

## 想像無法解釋，只能感受

如果不知道一幅畫在畫什麼，我們會有種無法釋懷的感覺。「妳畫了什麼啊？」、「彩虹？」、「可樂餅？」母親的這些問題都源自「畫必須反映某種圖像」的觀點。

我猜你剛才想到的答案恐怕和這位母親一樣，都是想問反映在畫裡的圖像是什麼吧。其實這張圖是我兩歲時的作品，當時的我當然還不懂事，所以對話內容都是家母告訴我的。

那麼，為什麼當時的我什麼都答不出來呢？

是因為年紀太小，沒辦法好好說明嗎？

還是因為和母親講話講到一半就膩了呢？

雖然我什麼都不記得了，但我覺得應該不是這樣。

正如我在序章所提到的，**小孩子與我們這些大人的觀點完全不一樣，所以就算他們對畫的理解和我們不同，也沒有什麼好奇怪的。**

請大家仔細觀察這張圖畫。從弧形的線條來看，可以發現左邊的顏色比右邊的深了一點，因為左邊畫得比較用力，所以我們可以推測這些線條是由左往右畫。

實際畫畫看就知道，跟我一樣是右撇子的人由左往右畫會比反方向來得容易。弧形的寬度實際約為二十五公分，是小孩子的手臂剛好可以碰到的範圍。線條的顏色在途中變得比較淡，因此這個地方應該只有用蠟筆輕輕刷過。

接著，我們看到家母以為是可樂餅的咖啡色部分。由於剛才說的弧線向右傾斜，所以我們可以推測，我應該不是坐在畫的正面，而是稍微偏向左邊。也就是說，咖啡色的部分最靠近我的身體。請你們想像一下，有別於伸長手臂畫出弧形，在靠近身體的地方，應該可以很用力地用蠟筆畫圖吧。

知道這些以後，可以試想一下當時只有兩歲的我究竟在這張圖畫裡面看見了什麼？

□由左往右移動手臂，用蠟筆輕輕刷過紙張。

□畫了一遍又一遍，換了另一個顏色再一遍。因為覺得很好玩，所以畫了很多次，眼前出現好幾條重疊的弧線。

□拿起咖啡色的蠟筆，把手伸到最長，由左往右畫一個最大的弧。

□接著把同一根蠟筆拿到靠近身體的地方來回摩擦。

□手自然用力，覺得蠟筆滑滑的手感很有趣，所以專心地來回摩擦。

□等到發現的時候，眼前出現了一塊咖啡色的物體。

□拿給媽媽看吧！

**小時候的我在這張圖上看見的也許不是彩虹或可樂餅這些圖像，而是隨著身體的動作一一被刻劃在紙上的行動軌跡。**

在我們這些大人看來，繪畫就好比是反映出某種圖像的「窗戶」，覺得繪畫應該畫著什麼是很正常的觀點。但是對小孩子來說，這樣的觀點卻不是理所當然。

在當時的我眼中，這張畫不是彩虹或可樂餅的圖像，甚至也不是塗著蠟筆的紙，而是一種身體動作的表現也說不定。

＊＊＊

我們在第五課以「我們看到的是作品還是常識？」為題，進行了一場精采刺激的冒險。

繪畫已經不再只是反映圖像的東西，也不一定是波洛克提出的物質本身，或兩歲小孩認為的動作表現。**繪畫或許還有很多種不同的解釋，只是我們還沒有發現而已**。

下次看到畫時，請大家試著捫心自問：「現在究竟看到了什麼？」

最後，我們一起來回顧第五課的內容。按照慣例，我準備了三個問題，請大家一邊回答，一邊伸展自己的「探究之根」吧！

BEFORE THE CLASS

**進行「五分鐘塗鴉」時，請問你看見了什麼？**

「我畫了自己最先想到的蘋果，現在想想我的確是看著畫裡面的圖像。」

「突然叫我塗鴉，我還真不知道該畫什麼才好。不過，這或許是因為我下意識覺得一定要畫出某種圖像才行吧。」

AFTER THE CLASS

**上完課以後，你現在對「我們的眼睛看到了什麼」這個問題有什麼看法？**

「我發現自己以前對藝術的反應千篇一律，看著畫時我總是在思考畫的是什麼。這堂課讓我可以從物質本身和行動軌跡等全新的角度欣賞畫。」

「藝術作品因為作者的技巧而變得透明，我們看見的一直都不是藝術本身，而是它所反映的圖像。我們認為的藝術實際上或許和藝術本身相差甚遠。反之，那些我們不認為是藝術的東西，搞不好才是真正的藝術也說不定。」

BEYOND THE CLASS

## 透過這堂課，你對課堂上的提問有什麼想法嗎？

「我覺得智慧型手機和電腦簡直就是『反映圖像的窗戶』，雖然窗戶另一邊的世界無限寬廣，但一切都是虛構的。如果把手機和電腦當成『物質』，就能解釋成：有一堆人每天都不厭其煩地盯著『用金屬和玻璃做的板子』好幾個小時。」

「如果把藝術當成『行動的軌跡』，即使作者沒有刻意為之，藝術也可能會自然產生，例如沙灘上的足跡、積雪路面的輪胎印或桌子上的刮痕等等——藝術或許也存在於我們的日常生活當中。」

# CLASS 6

# 藝術是什麼？

## ——藝術思考的極致

## 定義與範疇

終於進入最後一堂課了。剛才在第五課的回顧，有人提出了這樣的意見：「那些我們不認為是藝術的東西，搞不好才是真正的藝術也說不定。」

波洛克的《第1A號》讓總是看著「畫反映的圖像」的我們，把目光轉向「作為物質的畫」。

相反地，只要稍微換個角度，在我們認定不是藝術的事物當中，或許也有藝術隱藏其中，不僅鑑賞者沒有察覺，搞不好就連作者自己也沒有意識到呢。

可是如果真是如此，**決定什麼是藝術、什麼不是藝術的標準究竟在哪裡？**只要被陳列在美術館裡，就能有被稱為藝術作品的資格嗎？說到底，定義「這就是藝術」的框架真的存在嗎？

在藝術思考的最後一課中，我想把焦點放在「藝術是什麼」來討論。那麼，讓我們一如往常地從習作開始吧！

動手做做看

## 分辨藝術

請將以下四個作品按照

「是／不是藝術」來分類，

在你認為「是」的作品上畫圈。

分類好以後，

請說明你為什麼這樣分類的理由。

請不要只是回答憑感覺就敷衍了事。

就算只有概略輪廓，

思考「為什麼」

有助於了解自己目前對分類的定義。

作答時不需要花太多時間。

那麼，我們開始吧！

## 哪些是藝術？ → 為什什麼

1 雕刻 **聖殤**

米開朗基羅　1498～1499 年，
聖彼得大教堂，梵諦岡。

2 繪畫 **蒙娜麗莎**

李奧納多・達文西　1503～1519 年，
羅浮宮，巴黎。

3 建築 **巴黎聖母院**

1163～1345 年，巴黎。
Photo: Peter Haas

4 大眾商品 **泡麵**

日清食品。

都分類好了嗎？你們覺得哪些是藝術呢？請一併告訴我你們的理由。

「我認為①、②、③是藝術。因為藝術與否應該從『能不能複製』進行判斷，因為①、②、③都是以手工製作，所以不可能完全複製。雖然也有像版畫這種可以複製的藝術作品，但就算是這樣，上面也會有作者親筆寫下的版次或簽名。另一方面，④則是數據化的設計稿，可以大量生產。」

「①和②是藝術。雖然每個選項或多或少都含有藝術的要素，可是程度不同。我覺得比起實用性等藝術以外的目的，藝術性較高的東西才算是藝術。①和②除了被當成藝術鑑賞之外，完全沒有其他目的，所以是純粹的藝術；③包含作為建築物的實用性，所以有點模稜兩可；④完全以實用性為主，在設計時需考量如何吸引消費者拿起商品、哪種形狀和材質適合用在裝麵的容器等等，所以藝術性較低。」

大家的理由都很有說服力，而且似乎有很多人覺得藝術與非藝術的界線應該在③和④之間，主張「泡麵不該被稱為藝術」的意見不在少數。

你是怎麼分類的呢？你剛才在藝術與非藝術之間畫下的界線，就相當於你內心的藝術框架，但是這個框架可能會因為這堂課而產生變化。

## 《布里洛盒》的藝術價值

參考習作的結果，我們接著來看藝術家的作品。第六課要介紹的作品是安迪．沃荷（Andy Warhol，一九二八～一九八七）在一九六四年發表的《布里洛盒》。

光看照片很難想像這是一件什麼樣的作品，因此請容我補充說明。照片裡的是兩個相疊的正方體木箱，一個木箱單邊長約四十公分，大概是需要用兩手抱起的大小。

創作這件作品的沃荷在一九二八年生於美國賓夕法尼亞州，大學攻讀商業設計，之後在紐約從事廣告與插畫工作，年紀輕輕便以設計師的身分嶄露頭

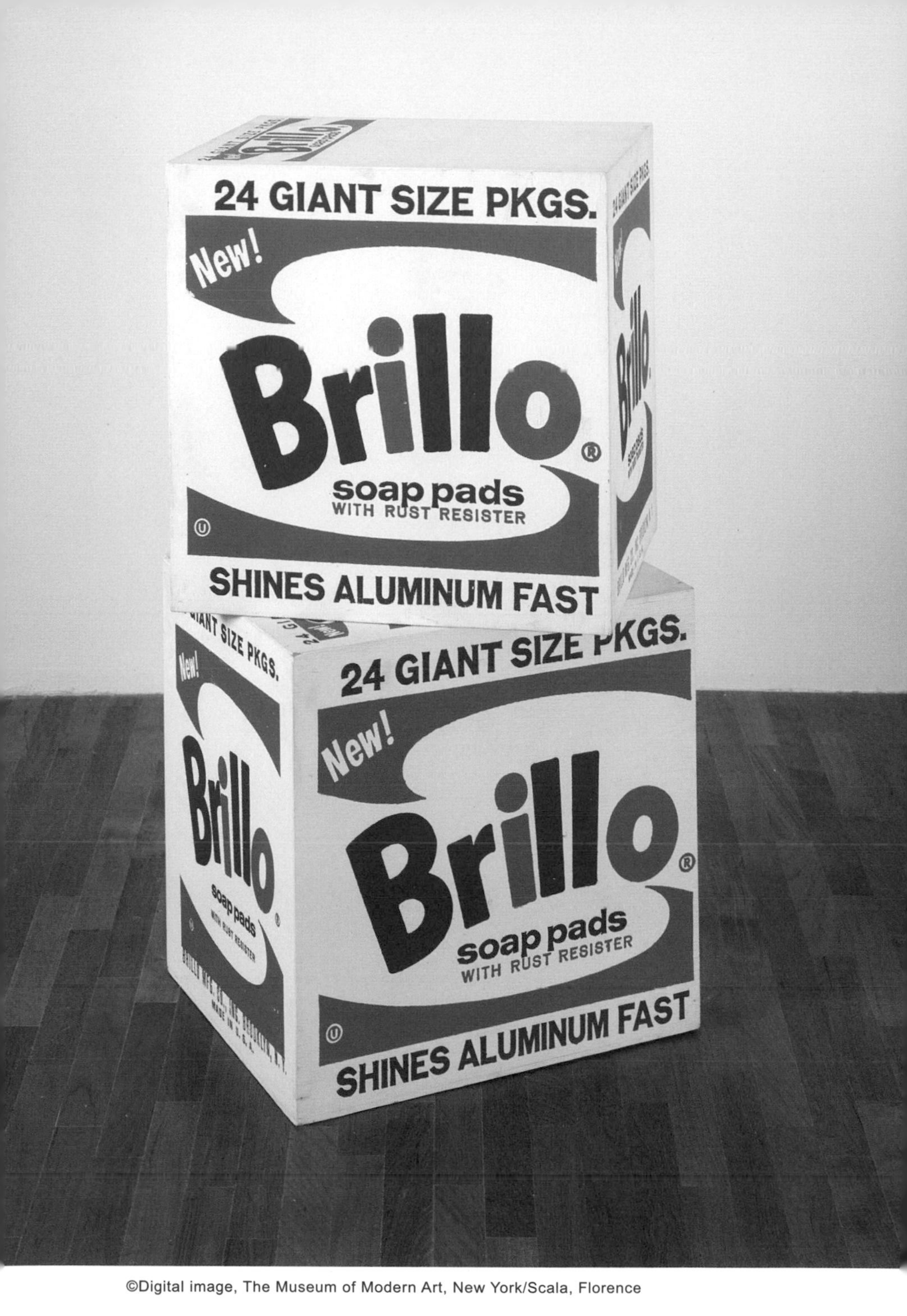
24 GIANT SIZE PKGS.
New!
Brillo®
soap pads
WITH RUST RESISTER
SHINES ALUMINUM FAST
24 GIANT SIZE PKGS.
New!
Brillo®
soap pads
WITH RUST RESISTER
SHINES ALUMINUM FAST
GIANT SIZE PKGS.
New!
Brillo
soap pads
WITH RUST RESISTER

安迪・沃荷（1966～1977 年左右）
Photo: Jack Michel

角，名利雙收的他漸漸把活動取向從設計師轉向藝術家。

不過，他並沒有進入美術學校重新學習藝術，而是活用至今為止培養的設計技巧，創造出使舊有的藝術框架煥然一新的作品。如今，**沃荷的作品被視為指引二十一世紀藝術的重要指標**。

回到《布里洛盒》，看來這又是一個奇妙的作品呢。雖然你們可能還想再了解更多，不過請先不要把過多的作品資訊輸入大腦，試著只憑自己的感覺進行輸出鑑賞吧。

**這次，我想請大家特別從「算不算是藝術」的觀點來鑑賞。**

那麼，我們開始吧！

「上面印著大大的『Brillo』。」

「那是什麼意思？」

「只有『i』和『o』是紅色的。」

「上面還有其他的英文說明。」

「幾乎都是文字。」

**——對此怎麼想？**

「感覺是有實用性的物品。」

「這件作品似乎想傳達某種訊息，既然如此，它應該算是藝術吧。」

「『Brillo』的下面印著『soap』，這是肥皂嗎？」

「左上角有一個『New』！」

「兩個一樣的箱子疊在一起。」

「這是沃荷作為設計師所設計的商品嗎？」

「箱子裡面應該裝了二十四塊肥皂吧。」

**——對此怎麼想？**

「如果這是商品（肥皂）的包裝，就不算是藝術。」

「設計本身我還滿喜歡的。」

「感覺很有精神。」

「比之前看過的作品更明亮活潑。」

——**為什麼這麼想？**

「商標設計很新潮。」

「字體圓圓的，很可愛。」

「上下兩邊的紅色線條好像波浪。」

——**對此怎麼想？**

「看起來很有活力。」

「從設計整體可以看出作者的堅持，所以我覺得應該可以算是藝術。」

「有點像美國漫畫。」

——**為什麼這麼想？**

「因為配色吧？」

「字體設計也很像美漫。」

「紅色和藍色是蜘蛛人的顏色。」

「星條旗的顏色也是紅、藍、白吧。」

**——對此怎麼想？**

「很顯眼。」

「很有美國的感覺。」

## 廚房清潔劑是藝術作品？還是商品？

正如大家在輸出鑑賞時注意到的一樣，箱子上都印著英文「Brillo（布里洛）」，有人知道它是什麼嗎？

其實布里洛是在美國家喻戶曉的洗碗精，米袋形的鋼絲球沾著清潔劑，既不特別也不昂貴，每一間超市都買得到，是一件再普通不過的日常用品。

「也許沃荷是這個商品的設計者？」雖然也有這種推測，但是布里洛洗碗精的包裝並非沃荷的設計，**他所做的只不過是把這個商品的商標和包裝直接印在木箱上而已**。

一九六四年在紐約的畫廊展出的《布里洛盒》並不像照片裡看到的只有兩箱，而是好幾個一樣的箱子搬進畫廊，成堆的箱子高得幾乎快碰到天花板，會場的氣氛像極了準備出貨的倉庫。

不過，沃荷並沒有親手幫全部的木箱畫上布里洛洗碗精的圖案。他訂做了大量木箱，並使用一種叫做「網版印刷」的技術，把圖案印在箱子上，因此所有成品都做得分毫不差，而且上面不但沒有沃荷的簽名，更沒有用來區分作品的編號。

既然陳列在畫廊裡，無非代表沃荷想把它當成藝術作品，展示在世人面前。然而，只是把既有商品的商標複印在木箱上的《布里洛盒》究竟能不能算是藝術？

**外表看起來和超市販售的商品如出一轍的這件作品當中，究竟哪裡有藝術的要素呢？**

## 《布里洛盒》的關稅爭議

這樣的疑問絕對沒有偏離重點，因為《布里洛盒》就連在發表當時也沒有被視為藝術。針對這件作品，人們分成兩派展開激烈議論。

這裡舉一個例子。在《布里洛盒》問世隔年，曾經有一名加拿大美術商人想要把這件作品帶回母國參展。就在他準備將作品從美國運到加拿大時，卻遭到加拿大海關的攔阻，理由是「不確定這是否真的是藝術作品」。

藝術作品與一般商品的關稅不同，前者的稅率較後者低。海關應該是懷疑美術商人是為了減稅，才謊稱商品的箱子是藝術作品的吧。海關委託加拿大國立美術館對沃荷的作品是否為藝術一事進行調查，最終他們判定：「**《布里洛盒》不是藝術作品，而是商品！**」

策畫加拿大展覽的美術商人無法接受這個判決，所以拒絕支付關稅，很可惜的《布里洛盒》沒能到加拿大展出。

就在短短兩年後，事情有了一百八十度的轉變。加拿大國立美術館新上任的館長不僅認為「《布里洛盒》確實是藝術」，甚至決定要購買八個《布里洛盒》作為美術館的收藏。

這件作品至今仍是該美術館的重要展品，可見現在有很多人認同《布里洛盒》「算是藝術」，甚至還有新聞報導指出：二〇一〇年，《布里洛盒》的其中一個木箱竟然以超過三百萬美金的高價成交[39]。

## 創作也可以很省事

關於「《布里洛盒》是不是藝術作品」，這個問題當然沒有所謂的標準答案，但是我很確定這是沃荷經過一番思考所找出的獨創答案。

接著讓我們循著沃荷本人曾經說過的話一起來思考看看。關於剛才介紹的軼事，當《布里洛盒》被加拿大海關判定不是藝術品之後，曾經有新聞媒體詢問沃荷對此事的看法，這段影片至今仍有留檔。

想必沃荷一定對加拿大政府當時的對應氣憤難平吧。不，他完全沒有，而是用一種難以捉摸的態度說：「對，他們說得沒錯，因為這不是我的原創作品……」[40]

更誇張的是當記者問他：「為什麼不創作全新的作品呢？」他竟然也只是淡淡地回了一句：「因為很省事啊。」這樣的回覆想必讓記者們大失所望吧。

我們在前幾堂課看過的作品全都有著強烈的原創性（Originality），但是沃荷的作品卻完全相反，彷彿他是刻意消除了作品的個性。

我們試著從題材和製作方法這兩點來探討為什麼《布里洛盒》是個缺乏個性的作品吧。

首先是**題材**。除了布里洛洗碗精以外，沃荷還用了金寶湯罐頭、可口可樂、一美元紙鈔和亨氏番茄醬等題材進行創作，其中金寶湯罐頭是他的最愛，曾說自己「連續二十年的午餐都吃同樣的東西」[41]。**他選擇的題材每個都是人們幾乎每天都會在超市或家裡看到的東西**，再加上這些設計都不是由他親自操刀，因此感覺不到他的獨創性。換句話說，這根本是完全的抄襲。

其次是**製作方法**。沃荷在這點上也徹底排除了原創性，使用網版印刷的作品少了純手工特有的味道，又因為可以盡情複製，所以沒有限量的稀有價值。沃荷非但沒有隱瞞這些事實，反而毫不害臊地開誠布公。他將自己的工作室取名為「工廠（Factory）」，甚至還說過「想成為機械」[42]。**他製作藝術作品的方式堪比工廠裡大量生產商品的機器**，像《布里洛盒》這種模仿一般商品的木箱，他就做了超過四百個以上[43]。

沃荷為什麼要刻意消除作品的個性呢？其實不只是《布里洛盒》，沃荷不但絕口不提作品的創作意圖，甚至還說：「如果想了解安迪．沃荷這個人，請看我和我作品的表面就好，這些就是全部了，背面什麼也沒有。」[44]

越來越讓人搞不懂了。沃荷的這段話似乎與我們至今學的二十世紀藝術的發展方向背道而馳。

自相機普及以來，藝術創作的重心便從表現之花轉移至探究之根。真正的價值不在於成為只會栽培花朵這種表象的花匠，而是讓探究之根在地底恣意生長——我們秉持著這樣的信念，在書中一路冒險至今。

可是，沃荷卻說：「作品背面什麼也沒有。」**他透過個人探究所創造的**

**《布里洛盒》，以及「作品背面什麼也沒有」這句話，究竟要如何同時成立呢？**

## 藝術是否存在最高準則？

在這個部分，請回想我在這堂課一開始給大家的習作「分辨藝術」，我請你們為聖殤（雕刻）、蒙娜麗莎（繪畫）、巴黎聖母院（建築）和泡麵（大眾商品）這四個選項，按照是藝術或不是藝術來分類。

這個習作的最大共通點是幾乎沒有人把泡麵分在是藝術這邊。**當時畫下的這條界線就是潛藏在各位心中的藝術框架**，正因為有這個框架，我們才能夠判斷藝術與否。

藝術框架就好比圍繞著藝術這座宏偉城堡的城牆，能夠進入城堡的只有像聖殤（＝雕刻）、蒙娜麗莎（＝繪畫）或巴黎聖母院（＝建築）這些含著金湯匙出生的少數貴族。而泡麵（＝大眾商品）這種小市民當然就只能乖乖待在城

牆外面。

二十世紀的藝術正是這座藝術城堡劇烈動盪的歷史。其中最大的變化，應該就數馬歇爾・杜象的《噴泉》造成的「從視覺到思考的轉換」（第四課）吧。杜象直接否定了長久以來束縛著這座城堡的常識，顛覆了牆內的規則。

不過，你發現了嗎？這裡有一個連杜象的《噴泉》都沒有懷疑過的理所當然——那就是城堡本身的存在。**連把簽了名的小便斗這種超級問題作品帶到世人面前的杜象，也還是把定義藝術的堅固框架（＝城牆）視為前提**，對藝術的既定模式提出質疑的他，只不過是企圖在城牆內部掀起革命。

沃荷模仿洗碗精包裝設計的奇怪箱子，其目的是為了要破壞或者說消除這道城牆。這件作品確實曾在美術館和藝廊展出。換句話說，它的確存在於城牆內部。

可是，在美術館以外的地方又是如何呢？外表看起來一模一樣的東西在街角的超市或自家廚房隨處可見，如此複雜的情況在過去根本是天方夜譚。**於是，區分藝術與非藝術的秩序就這樣被《布里洛盒》徹底打亂**，覺醒的人們開始懷疑：「區隔藝術與非藝術的標準或許根本不存在。」

如果沒有了藝術框架，《蒙娜麗莎》和泡麵的差別又是什麼呢？就跟一旦城牆消失，人們便不再有貴族和市民之分是同樣的道理。過去只因為雕刻、繪畫或建築等身分就被無條件當成藝術作品的東西，將會和除此以外的東西站上同一個舞台。

「請看作品的表面就好，背面什麼也沒有。」沃荷之所以說出這句話，就是**希望人們不要受限於藝術的城牆**，而是用和看普通洗碗精一樣的眼光來觀賞《布里洛盒》。

**我認為他是藉此向我們提出這個疑問：「其實根本沒有決定『什麼是藝術』的既定框架。」**

＊＊＊

畫如所見、基於遠近法的觀點、描繪具象物、藝術＝視覺藝術以及反映圖像的物質，這些都是二十世紀的藝術家們試圖跨越過的各種常識。而沃荷的《布里洛盒》更是讓藝術框架本身出現了裂痕。

《布里洛盒》無疑是從另一種角度照亮我們過去盲目相信的事物，展現了全新的觀點。因此沃荷亦稱得上是實踐了藝術思考的真藝術家。

另一個視角

## 藝術和商業的界線變得模糊

沃荷的《布里洛盒》破壞了藝術與非藝術之間的框架。於是，他又對人們提出了一個新的問題：「既然如此，那麼藝術到底是什麼？」

有人可能會忍不住心想：「唉，又是一個大難題啊……」

**沃荷造成的影響也波及了美術館裡的展品**。當定義何為藝術的城牆被拆除以後，現在的美術館已經不再專屬於繪畫和雕刻這些貴族，形形色色的市民開始能光明正大地在館內展示。

在這個部分，我想請大家欣賞在二十世紀以後的藝術作品收藏榮登全球之冠，擁有世界級影響力的「紐約現代藝術博物館」（The Museum of Modern Art，MoMA）所收藏的某件作品，從另一種角度思考藝術是什麼。

那麼，我們馬上來看這件作品吧！

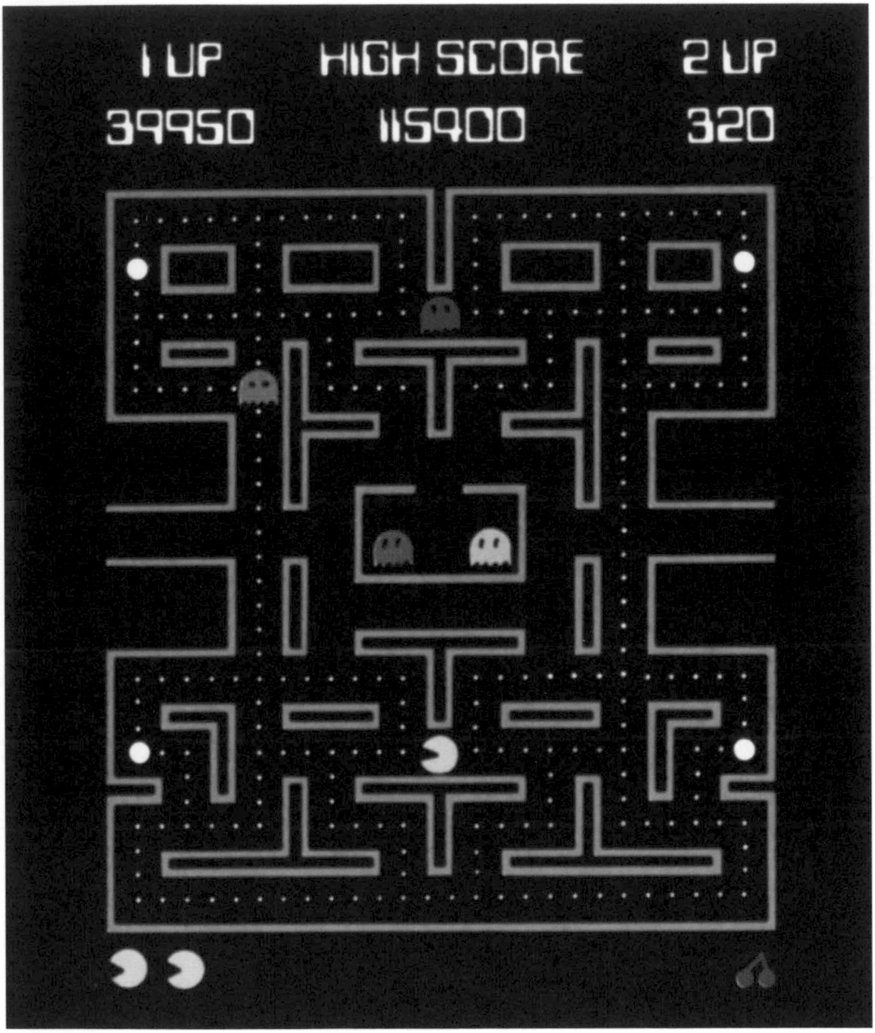

1 UP
HIGH SCORE
2 UP
39950
115900
320

## 沒了限制，界線就變得不重要了

雖然可能會有點吃驚，但應該也有不少人知道這個作品吧。沒錯，這是《小精靈》（PAC-MAN）。

《小精靈》是由萬代南夢宮娛樂公司（現名）在一九八〇年推出的街機遊戲，玩家操縱小精靈在迷宮裡前進，躲避幽靈的同時吃光所有豆子。除了日本，該遊戲在美國也掀起了一股旋風，從發售開始連續七年不斷增產，以最成功的商用大型遊戲機之一享譽全球。

**MoMA「收藏了」這個遊戲**，但這麼說並不是指MoMA將右圖這樣的遊戲場景當成繪畫保存下來，而是將整個遊戲也就是程式代碼，在某次的展覽上提供給民眾實際試玩[45]。

MoMA設立於紐約的時間為一九二九年，從這本書討論的時序來看，正好介於第四課與第五課之間。

概念發想的中心人物是三名野心勃勃的女性，她們全都意識到同樣的問題：「人們總是把焦點放在過去的藝術作品，卻鮮少人關注現在的藝術——我們需要象徵這個時代的美術館。」

於是，「促進全世界對『現代藝術』有更深入的理解並享受其中」[46]，在這樣的理念之下，全新的美術館誕生了。MoMA的收藏涵蓋了從十九世紀中至今的各種作品，目前館藏作品數量超過二十萬件，為全美最多。在我們之前看過的作品當中，也有幾件是MoMA的收藏。

MoMA為什麼決定把《小精靈》納入館藏呢？就算這間美術館的理念再怎麼出色，展示遊戲應該還是會讓不少人覺得怪怪的吧。事實上，MoMA的此番嘗試引來許多撻伐聲浪，英國主流報社《衛報》以及美國大型雜誌《新共和》在報導中寫道：

「MoMA允許電子遊戲進入神聖殿堂，將其展示在梵谷及波洛克等藝術家的旁邊。」[47]

「不好意思，遊戲並不是藝術。把《小精靈》和《俄羅斯方塊》跟畢卡索和梵谷放在一起展示，代表對藝術的真正理解已經『玩完（game over）』

了。」[48]

「電子遊戲不是藝術，而是另一種截然不同的東西——代碼。」[49]

這些批判真是毫不留情。不過大家應該會開始好奇MoMA又是怎麼想的吧。在MoMA服務超過二十五年，也參與了《小精靈》收藏事宜的**寶菈・安東納麗（Paola Antonelli）**回擊：「老實說，我對於爭論電子遊戲或椅子是不是藝術毫無興趣。」

她接著說：「我認為設計是人類最高級的創造性表現，只要它擁有偉大的設計，這樣便足夠了。」[50]

大家覺得這個回答如何？對於期待她尖銳反駁的人來說，這個回答似乎沒有切中重點。但是這席話其實完美呼應了《布里洛盒》對我們提出的疑問。**「遊戲是藝術嗎？」、「設計是藝術嗎？」這些議論的前提都是在肯定藝術的城牆**——也就是定義藝術的明確框架確實存在，因為他們把是否可以讓遊戲或設計進入藝術框架當成一個問題。

實際上，從剛才列舉的第一條來自《衛報》的批判，可以看出筆者對「藝術是一座神聖殿堂」深信不疑，允許梵谷、波洛克和畢卡索的作品進入這座聖城（＝美術館），但遊戲等市民則必須待在城牆外面。

正如前述，《布里洛盒》帶來的影響足以打破藝術框架。「明確定義什麼是藝術、什麼不是的標準是否根本不存在？」沃荷向世人提出了這個疑問。

解釋完這些以後，我們再從另一種角度思考ＭｏＭＡ館長說過的話，也許她想表達的是「**既然定義何為藝術的明確框架已經消失，什麼東西應該被納入『藝術聖城』就不再是討論的重點了。**」

## 限制消失後，能做的事更多

**這裡要請大家注意一件事：藝術框架的消失並不等於藝術的消失。**因為即便框架消失了，也不會改變蒙娜麗莎、聖殤、巴黎聖母院、噴泉、泡麵和小精靈這些東西的存在。

藝術城牆消失以後，寬闊的平原上充斥著各種東西，從人們讚不絕口的作

品，到生活中隨處可見的物品應有盡有。MoMA用獨到的觀點逐一檢視散落在生活中的事物，接著問自己：「在這些東西之中，究竟哪一個才是最閃亮、最出色的呢？」

《小精靈》便是透過這種方法被發掘的作品之一。MoMA認為電子遊戲也是一種傑出的互動設計。遊戲與玩家之間產生互動（Interaction），也就是遊戲內容會隨著玩家的動作展開，而這個展開又會驅使玩家做出下一個動作，玩家能夠置身於遊戲世界，體驗這種一來一往的互動。

在為數眾多的電子遊戲當中，他

們考量了玩家的動作設計是否精良、遊戲是否創新等種種要素以後，最終選中了《小精靈》。

萬一《小精靈》這個傑出的互動設計只為了「是設計還是代碼」這種無聊的問題沒能獲選，那麼《蒙娜麗莎》就只是因為「是一幅油畫，所以才有被挑選的資格」。

MoMA的館藏除了遊戲以外，還包含影像、聲音、網站及表演紀錄等透過各式各樣的表現方法完成的作品[51]。**MoMA站在少了藝術框架的廣大平原，企圖以獨到的觀點挑選出真正的好作品。**

＊＊＊

以上就是第六課的內容。

我們從分辨藝術的習作開始，經過對沃荷《布里洛盒》的考查，最後思考了MoMA把《小精靈》納入館藏的原因。

體驗完這場探究「藝術是什麼？」的精采冒險，大家有什麼感想呢？你們看事情的觀點有什麼巨大的轉變嗎？接下來讓我們一起回顧課程內容吧！

BEFORE THE CLASS

**進行「分辨藝術」的習作時，你認為藝術應該是什麼樣子？**

「我把蒙娜麗莎、聖殤和巴黎聖母院分在藝術類，把泡麵分在非藝術類。我下意識地認為繪畫和雕刻比較有藝術的感覺。」

AFTER THE CLASS

**上完這堂課，你現在對「藝術是什麼」這個問題有什麼看法？**

「認識沃荷的《布里洛盒》之後，我覺得我們所認知的藝術與非藝術在外表上別無二致。既然如此，決定藝術與否的就不是外表而是內容。」

「我發現所謂的藝術並不是指作品的型態。往後藝術將追求具有個人特色的構想，人們可以透過藝術把自己的想法或點子分享出去。那些我認為不是藝術的東西都缺乏屬於某個人的獨到觀點。」

「就算在上完課後問我會不會把泡麵歸類為藝術，我的答案還是不會，但是這次的理由不同。一開始我只靠『因為它是商品』和『因為很便宜，只要兩百塊左右』等理由就判斷它不是藝術，現在我如果能用自己的觀點找到理由的話，就會把泡麵歸類在藝術類。」

BEYOND THE CLASS

## 透過這堂課，你對課堂上的提問有什麼想法嗎？

「我一直以為自己的日常生活與藝術沒有任何交集，但是在挑選喜歡的衣服或文具時，我會選擇自己認為好的東西。我發現這似乎也是一種用自己的基準在眾多選項當中判斷哪些比較好的行為。」

「表現與使用哪一種方法無關，所謂的藝術會創造全新的價值觀、感知與發現。這麼想的話，那些在推特上表達想法的人，或是透過商業手法向大眾宣揚信念的人，應該也可以被稱為藝術家吧。」

# EPILOGUE
# 有愛之人的藝術思考

## 「這世上根本沒有所謂的藝術，有的只是藝術家」

從前在西洋美術開花結果的文藝復興時期，畫家們找到了畫如所見這個明確目標。自此以後，他們耗費了大約五百多年，不斷發展在二維的畫布上表現出三維世界的技術。

然而當十九世紀發明的相機在二十世紀逐漸普及以後，他們周遭的環境發生巨變，**因為用繪畫複製肉眼所見的行為被攝影這項技術革命輕易地取代了。**

但是藝術並沒有就此滅亡，二十世紀以後的藝術家們更是把「什麼是照片做不到，只有藝術才做得到的事」視為課題，跟隨自己的好奇心，展開前所未有的探究冒險。

我在這六堂課教給大家的只不過是這些藝術家們探究之根的一小部分，所以精挑細選出其中最接近核心的本質。這一章我們再回顧一遍每堂課討論的問題與作品吧。

□第一課 什麼是好看的作品？／亨利・馬諦斯《綠條紋的馬諦斯夫人》
□第二課 什麼是寫實？／帕勃羅・畢卡索《亞維農的少女》
□第三課 藝術作品怎麼看？／瓦西里・康丁斯基《構成第七號》
□第四課 藝術的常識是什麼？／馬歇爾・杜象《噴泉》
□第五課 我們究竟看到了什麼？／傑克森・波洛克《第1A號》
□第六課 藝術是什麼？／安迪・沃荷《布里洛盒》

二十世紀的藝術家們摸索著這些問題的答案，在被「複製肉眼所見的觀念」囚禁的時代，創造出一個又一個史無前例的新觀點。接著就在世界即將邁入二十一世紀之際，藝術家們終於抹除藝術框架的境界。

「**其實這世上根本沒有所謂的藝術。**」——歷史學家暨美術史學家恩斯特・宮布利希（Ernst Hans Josef Gombrich），在貫穿古代至二十世紀美術史的大作《藝術的故事》（台灣聯經出版）開頭如此寫道。

可是，他接著又寫：「有的只是藝術家。」[52]看來一切似乎又回到了原點。

## 找答案的人和提問題的人

大家還記得前面提到的藝術植物嗎？那株會從閃爍著七彩光芒的興趣種子，長出遍布地底的巨大探究之根，最後在地面上開出顏色、形狀、大小各不同的表現之花的奇妙植物。

興趣種子代表沉睡在你內心深處的興趣、好奇心和疑問。
探究之根代表你根據自己的興趣進行探究的過程。
表現之花代表在過程中誕生的屬於你自己的答案。

經常和藝術家混為一談的人叫做花匠，他們絲毫不在乎從興趣種子延伸探究之根的過程，只顧著培育沒有種子和根的花。他們終日繁忙，認真做事的模樣很容易被誤認為是在努力栽培探究之根。

然而他們全心全意栽培的東西，只不過是別人要他們種的花而已。不自覺**地朝著他人制定的目標努力並解決課題**——這樣的人就是花匠。另一方面，**真正的藝術家則會從自己的好奇心或自發性的關注中創造價值**。

他們熱衷於讓探究之根隨著好奇心恣意延伸，因此藝術家眼中不存在明確的目標。不過他們有一個特徵，那就是到了某個時間點，這些根會在地底深處結成一束。

雖然偶爾會有藝術植物在地上開出光彩奪目的表現之花，但絕大多數都不會露出地面，而是一味享受著在地底扎根的樂趣。從植物整體來看，有沒有開花並不是太大的問題，更別提這朵花開得美不美、精不精緻、創不創新，這些通通都不是重點。

在這個意義上，我們才說：「藝術根本不存在，有的只是藝術家。」

「我不會畫圖也不會勞作，所以我不是藝術家。」

「我想不出新奇的點子，所以我不是藝術家。」

「我的工作跟創意無關，所以我不是藝術家。」

這些想法全都忽略了藝術的本質其實在於探究之根以及興趣種子。**我認為**

**這裡說的藝術家不一定要會畫圖或勞作**，甚至也不一定要是創新的人。因為藝術框架消失以後，現在的藝術家所培育的表現之花擁有無限可能性。

以自己的興趣、好奇心或疑問為開端，用獨到觀點洞察世界，跟隨好奇心恣意探索，最後獨創出自己的答案——只要做到這些，每個人都是藝術家。

**說得極端一點，就算你不從事任何具體的表現活動，也能夠以藝術家的身分活下去**。要延伸自己的根，作為真正的藝術家而活？還是要繼續栽種別人的花，作為花匠而活？決定這件事的不是才能、工作也不是環境，而是你自己。

## 喜愛你正在做的事

我想分享一段蘋果公司的共同創辦人史蒂夫．賈伯斯（Steve Jobs）在過世六年前到史丹佛大學（Stanford University）演講的片段：

「工作占了人生的絕大部分，因此若想發自內心感到滿足，唯一的方法是做你相信是傑出的工作；而如果想做傑出的工作，唯一的方法是喜愛你正在做的事。如果你還沒找到喜愛的事物，請你繼續找，不停地找。」53

這段演講相當振奮人心，不過，應該有很多人有以下的想法吧。

「只有像賈伯斯那種天才才能做自己喜愛的事。」

「能力平庸的人不就只能作為花匠活下去嗎？」

賈伯斯的確是一位偉大的革新者，但他在說出這段話時，也一併分享了他過去遭遇的巨大挫折。

賈伯斯與好友沃茲尼克（Stephen Wozniak）在自家車庫創立了蘋果公司，當時，他二十歲。在那之後只過了短短十年，蘋果公司便蛻變成時價總額二十億美金，擁有超過四千名員工的大型企業。

然而，在麥金塔電腦（Macintosh）問世，賈伯斯三十歲時惡夢發生了。他因為與新上任的CEO意見不合，被蘋果公司開除了。

「我至今奉獻所有人生的一切就這樣沒了，這真的讓我很絕望。」

被蘋果開除的事情成了新聞頭條，被印上喪家犬烙印的賈伯斯甚至考慮過要離開矽谷。但就在他度過了數個月的低潮之後的某一天，他的內心亮起了一道微弱的希望之光。

「我還是熱愛著自己以前做的事，在蘋果公司發生的種種不會改變這個事實。即使遭到拒絕，我的愛也不會動搖。所以，我決定重新開始。」

決心捲土重來的賈伯斯接連成立了 NeXT 和皮克斯動畫工作室，緊接著在幾年後由於蘋果公司決定收購 NeXT，賈伯斯才得以重返蘋果公司。接下來的發展就和大家知道的一樣，蘋果公司陸續推出了 iMac、iPod、iPhone 以及 iPad 等卓越商品。

如果賈伯斯在蘋果公司的種種成就不是基於他對這些事物的熱愛，應該就沒辦法從這場巨大的打擊中振作，重新開出新的表現之花了吧。這樣的情況不只適用於賈伯斯充滿波折的人生。

在VUCA時代中搞不好會活到超過一百歲的我們，都有可能遭逢意料之外的變化，或是踏上前途未明、無人走過的未知道路。即便如此，**只要貫徹自己熱愛的事物，便能不被眼前的暴風雨吞噬，從無數次挫敗中重新爬起，綻放出美麗的表現之花**。

發自內心感到滿足的唯一方法是找到自己熱愛的事物並不斷地追求它——

賈伯斯的人生與真正的藝術家從興趣種子延伸出探究之根的過程完美重合。

為此我們必須脫離常識以及正確答案，根據內心的興趣用獨到的觀點洞察世界，以自己的方法持續探究，這就是藝術思考。

＊＊＊

最後，我們一起來回顧藝術思考課的所有內容吧！

BEFORE THE CLASS

**上課之前，你對美術／藝術的印象是什麼？**

「要畫圖的課。」

「做勞作的時間。」

「雕刻、版畫和藝術字等等。」

「對將來沒有幫助。」

AFTER THE CLASS

## 上完課以後，你現在對藝術有什麼看法？

「如果沒有上過這堂課，我不會知道原來藝術這麼有趣。我以前沒有機會深入思考什麼是藝術，現在則是很驚訝原來藝術很有趣。我覺得自己內心好像多了一個思考的新觀點。」（國三）

「上完課以後，我反而搞不懂藝術是什麼了。不過，我願意繼續想想看。」（高一）

「我以前上的美術課都著重於讓學生成為創作者，所以這本書讓我覺得很新鮮，雖然盡是一些我想都沒想過的內容，但思考藝術比我想的還要好玩多了！」（高二）

「上課前，我對藝術興趣缺缺，但我想這是因為我對藝術的認知太少、觀點太狹隘的緣故。我們在課堂上從各種角度思考藝術，或是一起討論其他人的藝術作品，這些過程讓我覺得很有意思。」（國一）

「創作藝術作品時，思考養成和技巧提升一樣重要或者更重要。有別於只

教我們創作技巧的美術課，這堂課帶領我思考藝術的本質，是一次很寶貴的經驗。」（國二）

「我在課堂上總是很期待接下來會出現什麼觀點。我以前總是用美醜或好壞判斷畫的優劣，但是現在看到作品的瞬間，我會浮現許多疑問：『它想表達什麼？』、『我有什麼感覺？』、『它是用什麼方法畫的？』等等。我在日常生活中也變得更常產生疑問或興趣，我覺得最根本的思考方式都變得不一樣了。」（國三）

# 結語／連結未來人生的點與點

感謝各位讀到最後。在這場以六個二十世紀的藝術作品為題材來說明藝術思考的大冒險，各位玩得還盡興嗎？

再次強調，這堂課的目的不在學習美術史，所以就算你們把課堂上出現過的藝術家、作品名稱和我的講解通通忘光也無所謂。我只希望藝術思考的體驗能夠在各位讀者的心裡留下一絲痕跡。

如果各位在這堂課體驗到獨到的觀點和屬於自己答案的誕生過程，即便只是一絲一毫，也足以讓作者我感到無比喜悅。

根據某項調查，相較於多數日本人在美術館尋求內心的平靜，倫敦人和紐約人則喜歡在美術館追求日常以外的刺激[54]。書中那些藝術家們令人眼花撩亂的探究過程，在我們看來的確是日常以外的刺激。

日常生活中花匠無所不在，這種環境讓人們逐漸喪失了屬於自己的觀點和思維。對這些人來說，藝術是很棒的興奮劑，因為藝術拋出的問題沒有正確答案，是想找回獨到思維的人的最佳良藥。

雖然課上到這裡就結束了，但是當大家闔上書，走在街上或美術館看到藝術品時，請務必實踐藝術思考，找到屬於自己的觀點。作為帶領大家進入藝術思考的入口，請參考本書附錄——**〔實踐篇〕藝術思考的課外活動！**

最後，我想和各位分享我每次在課堂結束時都會介紹的一句話，其實這句話同樣出自終章裡，賈伯斯在史丹佛大學的那段演講：

「Connecting the dots.（連接點與點）」

賈伯斯的偉大成就徹底改變了世人的生活，但他一路走來卻並非一帆風順。他在演講中也提到了自己被收為養子的成長背景，而且還因為找不到人生目標，只讀了半年就從大學退學。之後，他接連寄宿在幾個朋友家中，同時也繼續留在校園內旁聽自己有興趣，但與原本的專業無關的課。

對將來沒有明確規劃，把時間花在一時興起的興趣上，這樣的賈伯斯看在旁人眼裡，應該會覺得是在蹉跎光陰、得過且過吧。然而他的行動卻始終如一：他從不追求他人制定的目標，只追求自己有興趣、感到好奇的事物。

接著，當他在許久以後回頭檢視這些連他自己看起來都毫無脈絡可循的行動（＝點，dots）時，發現它們全都不可思議地連在一起。

他旁聽的「書寫體課（西方與中東用來展現文字之美的寫字方法）」就是其中一個典型的例子。儘管看起來對將來毫無助益，愛上文字之美的賈伯斯卻一心一意地鑽研書寫體。十年後他推出了麥金塔電腦，而優美的字體便是這台電腦的特徵。

我本人至今為止的經歷跟我以前想像的完全不同，突如其來的意外打亂了我精心設計好的軌道。驀然回首我卻發現那些自己過去做過的事、遇見的人其實全都緊密相連。

即使現在的你無法得到周圍的認同，或是拚命努力卻一無所成，甚至是活得漫無目的也無所謂，只要肯認真看待自己的興趣，點與點必定會有相連的一天。就好像伸向四面八方的探究之根在地底深處結成一束一般——

對我來說，這本書是過去那些亂長的根終於結成一束，在地面開出的表現之花。雖然可能只是小小一朵，但裡面裝滿了我用自己的觀點思考後得到的結果。在這個意義上，這朵花在我眼中燦爛無比。

表現之花時而像蒲公英一樣變成絨毛飄到遠方，並且在許多人內心種下新觀點或疑問的種子。希望藝術思考的絨毛今後也能變幻成更多種不同的模樣薪火相傳。

如果本書觸動了你的興趣種子，勾起了你的興趣、好奇心或疑問，請務必跟我分享你的意見和感想。另外，我也有在承接藝術思考的到校授課、研修以及演講的委託，歡迎來信 yukiho@artthinking.info。

期盼體驗過藝術思考的讀者們都能夠成為一位藝術家，在自己的世界扎下探究之根，使藝術植物成長茁壯。如此一來，便能不被他人的評價左右，活出自己的特色，開心度過這個百歲時代了吧！

＊＊＊

最後我想對在教育上毫無計畫，總是摸索著邊做邊學，卻也總是把我的好奇心擺在第一優先的家人表達感謝，我時常回想他們提供給我的良好教育。

我還要感謝我的先生小杉要，現在回想起來是他對滿腦子只想著設計校內課程的我說：「這堂課大人也很受用！」並建議我撰寫本書，謝謝他總是無條件地給予我支持和鼓勵。

接著，我要對教育改革實踐家藤原和博先生，獨立研究家、作家暨演說家山口周先生，以及立教大學經營學院教授中原淳先生致上最深的謝意，謝謝與本書產生共鳴的他們提供寶貴的推薦文。

此外，我還要由衷感謝 BIOTOPE 公司的董事長佐宗邦威先生，謝謝他在閱讀本書的原稿後率先給予肯定，為我與鑽石出版社穿針引線，並在卷末提供解說。

而最後，我還要向鑽石出版社的藤田悠先生致上十二萬分的謝意，謝謝他相信我這個平凡的老師，與我共同構思，合力完成本書。

二〇二〇年一月

末永幸步

# 注釋

## PROLOGUE

1 大原美術館　教育普及活動十年歷程紀錄編輯委員會編《有青蛙　教育普及活動十年歷程紀錄一九九三～二〇〇二》大原美術館，二〇〇三年。

2 作者根據學研教育綜合研究所〈中學生白書Web版　二〇一七年八月　有關中學生日常生活與學習之調查〉及〈小學生白書Web版　二〇一七年八月　有關小學生日常生活與學習之調查〉製作而成。

## ORIENTATION

3 國立西洋美術館在一九七四年四月二十日～六月十日舉辦的「蒙娜麗莎展」，兩件展品總共吸引了一五〇萬五二三九位參觀民眾湧入。

4 片桐賴繼《李奧納多．達文西的神話》日本角川選書，二〇〇三年，P.11。

5 「VUCA World」原為美國陸軍描述軍事情勢的術語，自從二〇一六年出現在達佛斯論壇（Davos Forum。或稱世界經濟論壇，World Economic Forum，簡稱WEF）以後，便被用來代指當前無法預測的世界走向。

6 厚生勞働省〈人生百年時代構想會議　中間報告〉（人生百年時代構想會議資料）二〇一七年，P.1。（http://www.kantei.go.jp/jp/singi/jinsei100nen/pdf/chukanhoukoku.pdf）

## CLASS 1

7 參考：Klein, J. (2001) Matisse Portraits. Yale University Press, P.81.

8 文藝復興（Renaissance）一詞出自法文，意指再生和復活。此文化運動從十四世紀的義大利開始發跡，後傳遍西方各地，旨在復興古典時代（古希臘羅馬時期）「以人為本」的文化，分為十四世紀的初期、十五～十六世紀的盛期和十七世紀的後期。

9 文藝復興以前並沒有藝術家的概念，畫家被視為提供肉體勞動的工匠。十五世紀以後，由於達文西等人的活躍，社會才漸漸意識到畫家是知識階級的工作。而現代對「藝術」的概念則是在進入十九世紀之後才確立的。

10 根據以下調查可推測，在十六世紀以前，法國、義大利、德國、英國及荷蘭等國的識字率都低於百分之二十。Roser, M. & Ortiz-Ospina, E. (2018) Literacy. Our World in Data. 2018-9-20.〔https://ourworldindata.org/literacy〕

11 也許有人會覺得：「十九世紀的印象派繪畫應該不算是『畫如所見』吧？」的確，印象派繪畫所呈現的獨特色彩和筆觸，完全不像是以複製肉眼所見的世界為目的。不過，印象派主張：「眼睛看見的色彩會隨著空氣和光線瞬息萬變。」為了證明這點，畫家們待在野外，描繪清晨、白天、黑夜，並試圖以當時最新的色彩理論，捕捉在某個瞬間看見的光影變化。由此可見，印象派雖然在方法上有別於過去，但依舊在試著表現畫如所見。

12 高階秀爾綜合監修《印象派與它的時代——從莫內到塞尚》日本讀賣新聞東京本社，二〇〇二年，P.81。

13 一九〇五年馬諦斯及其友人在巴黎的畫展（Salon d'Automne）上所展出的作品震驚了

社會，由於其強烈的用色和筆觸明顯與現實脫節，藝術評論家路易．沃克塞爾（Louis Vauxcelles，一八七〇～一九四三）用「野獸（Fauves）」一詞批判他們。諷刺的是，這個用法後來變成專有名詞，人們將馬諦斯等人的畫風稱為「野獸派（Fauvism）」。Elderfield, J. (1978). Matisse in the Collection of the Museum of Modern Art (exhibition catalogue). The Museum of Modern Art, New York, P.69.

14 彼得．貝爾伍德《玻里尼西亞》池野茂譯，日本大明堂，一九八五年，P.41。

15 尼爾森．古德曼《藝術語言》戶澤義夫、松永伸司譯，日本慶應義塾大學出版會，二〇一七年，P.36。

## CLASS 2

16 據說畢卡索創作了一萬三千五百件繪畫和設計圖、十萬件版畫和印刷作品、三千四百件插畫以及三百件雕刻和陶器。金氏世界紀錄的資料截至二〇二〇年一月。Guinness World Records. Most prolific painter.〔https://www.guinnessworldrecords.com/world-records/most-prolific-painter〕

17 這句話出自俄羅斯的藝術收藏家謝爾蓋．舒金（Sergei Ivanovich Shchukin）。（五十殿利治、前田富士男、太田泰人、諸川春樹、木村重信《名畫之旅23 二十世紀的現代藝術冒險》日本講談社，一九九四年，P.16。）

18 前者出自發掘畢卡索的畫商丹尼爾．亨利．康威勒（Daniel-Henry Kahnweiler），後者出自畢卡索的友人（原文是「un nez en quart de Brie」，意思是「四分之一個布里起司」。布里起司是奶油起司的一種，通常做成圓形）。（克勞斯．海汀《畢卡索〈亞維農的少女〉——前衛主義的挑釁》井面信行譯，日本三元社，二〇〇八年，P.7、P.12。）

19 廣義來說，遠近法是指在繪畫或製圖上表現出遠近感的各種手法（如線透視、空氣透視及色彩透視等）。本書中的遠近法專指「線透視（透視圖法）」。

十五世紀初，義大利建築師菲利浦・布魯內萊斯基（Filippo Brunelleschi，一三七七～一四四六）首次將遠近法歸納成理論。而後到了一四三五年，萊恩・巴提斯塔・阿爾伯蒂（Leon Battista Alberti，一四〇四～一四七二）才在著作《繪畫論》（Della pittura）介紹該理論，普及至一般大眾。

20 根據日本畫家暨隨筆家牧野義雄（一八七〇～一九五六）的回憶錄，他國中時的圖學教材，有一個用遠近法畫的正立方體箱子，他的父親看著這張圖說：「什麼玩意兒？這箱子根本不是正方形，看起來歪七扭八的。」然而過了九年，父親看到同一張圖，卻說：「世上怪事還真不少！我記得自己以前覺得這個箱子看起來歪七扭八，可是現在卻覺得看起來很正常啊。」

日本繪畫原本並沒有遠近法，而西洋繪畫到了明治時期才正式被導入日本。牧野義雄的父親正好經歷了繪畫的轉換期，因此即使他的「看法」變了也不奇怪。（恩斯特・宮布利希《藝術與錯覺》瀨戶慶久譯，日本岩崎美術社，一九七九年，P.364。）

21 同注釋20，P.125。

22 Penrose, R. (1971). Picasso: His Life and Work. Pelican Biographies, London, P.434.

23 這段敘述針對埃及第四王朝第二任法老古夫之墓，即吉薩三大金字塔中最大的一座。約翰・皮耶爾・科特賈尼《吉薩金字塔群——解開五千年之謎〈知的再發現〉雙冊——4——》山田美明譯，日本創元社，二〇〇八年，P.104。

24 Gombrich, E. H. (1995). The Story of Art, 16th ed. Phaidon, London, P.58.

## CLASS 3

25《乾草堆》是印象派代表畫家克勞德·莫內的系列作品總稱，畫的是牧草地上堆成小山的麥稈堆。他描繪同一個主題在不同天候及時間下的光線變化。康丁斯基在莫斯科畫展上看到的便是該系列的其中一件作品。

26《In My Life》為約翰·藍儂及保羅·麥卡尼的共同創作，當時以「Lennon-McCartney」的名義發表，不過近年也有研究指出，作詞者應為約翰·藍儂。

Simon, S. & Wharton, N. (2018). A Songwriting Mystery Solved: Math Proves John Lennon Wrote 'In My Life'. NPR.〔http://www.npr.org/2018/08/11/637468053/a-songwriting-mystery-solved-math-proves-john-lennon-wote-in-my-life〕

27 Pierre Cabanne. (1987). Dialogues with Marcel Duchamp. Da Capo Press, United State.

28 與十六世紀長谷川等伯的《松林圖屏風》進行比較的，是十七世紀克勞德·洛蘭的風景畫《View of La Crescenza》。洛蘭生於法國，活動中心在義大利，以風景畫聞名。日本自古就有以風景為主題的畫，但西洋繪畫的風景卻一直只是襯托其他主題的背景。在西洋繪畫史中，獨立的風景畫發展得很晚，人們在進入十六世紀後才開始創作風景畫，滲透藝術界的時間則要到十七世紀以後。《View of La Crescenza》所描繪的建築物至今仍佇立在羅馬郊外，因此人們認為畫中的風景不是洛蘭的想像，而是真實存在的地方。

## CLASS 4

29「teamLab」的藝術展演活動利用科學、技術與設計，製作出能夠提供全新體驗的作品。

30 BBC NEWS. Duchamp's urinal tops art survey. 2004-12-1.〔http://news.bbc.co.uk/2/hi/entertainment/4059997.stm〕
這篇報導將《噴泉》評為「most influential modern art work of all time」。一般認為「Modern Art（現代藝術）」始於一八六〇年代馬奈的畫作，專指十九世紀後半到二十世紀的藝術作品。現在進行式的藝術則以「Contemporary Art（當代藝術）」的稱呼與現代藝術區隔。本書以「二十世紀的藝術」代指現代藝術。

31 這本雜誌只發行了兩期，《噴泉》刊載在第二期。Roche, H-P., Wood, B. & Duchamp, M. (1917). THE BLIND MAN, No.2, P.B.T, NEW YORK.

32 東京國立博物館在二〇一八年十月二日～十二月九日舉辦的特展《東京國立博物館暨費城藝術博物館交流企劃特展　馬歇爾・杜象與日本美術》。

33 Adcock, C. (1987). Duchamp's Eroticism: A Mathematical Analysis. Dada/Surrealism, 16(1), 149-167.

34 亞瑟・丹托《在藝術終結之後——當代藝術與歷史藩籬》山田忠彰監譯，河合大介、原友昭、粂和沙譯，日本三元社，二〇一七年，P.142。

35 文化廳「文化遺產 Online」〔http://bunka.nii.ac.jp/heritages/detail/166215〕

36「曜變」的「曜」意指「星星」或「閃耀」。根據室町時代的文獻《君台觀左右帳記》記載，「曜變」是中國陶製茶碗當中，最珍貴且價格最高昂的作品。全世界現存的曜變天目

（成品）只有三件，皆被指定為日本國寶（參考：靜嘉堂文庫美術館官方網站）。

37 此處請大家一面參考相傳為利休所建的茶室——妙喜庵「待庵」（日本國寶）的照片，一面想像利休點茶時的情景。

## CLASS 5

38 波洛克的《第17A號》（一九四八年）在二〇一五年由個人收藏家以兩億美金購得，這是截至二〇二〇年一月為止，史上第五高的繪畫成交價。

World Economic Forum. The world's 10 most valuable artworks. 2017-11-17.〔https://www.weforum.org/agenda/2017/11/leonardo-da-vinci-most-expensive-artworks/〕

## CLASS 6

39 Lisanne Skyler. Brillo Box (3 ¢ Off). 2016. HBO Documentary Film. United State.

40 Andy Warhol interview 1964.〔http://www.youtube.com/watch?v=n49ucyyTB34〕

41 MoMA. MoMA Learning.〔http://www.moma.org/learn/moma_learning/andy-warhol-campbells-soup-cans-1962〕

42「若問我為什麼要用這種方法作畫，答案是因為我想成為機械。」（《沃荷〈現代美術第十二卷〉》日本講談社，一九九三年，P.86。）

43 艾利克・謝恩斯《沃荷〈岩波　世界的巨匠〉》水上勉譯，日本岩波書店，一九九六年。

44 Mattick, P. (1998). The Andy Warhol of philosophy and the philosophy of Andy Warhol. Critical Inquiry, 24(4), 965-987.

45 ＭｏＭＡ在二〇一三年三月二日～二〇一四年一月二十日舉辦的應用設計展上，展出了以《小精靈》為首的十四款電子遊戲以及其他類型的設計作品，引發熱議。

46 MoMA Web Page. About us Who we are.〔http://www.moma.org/about/who-we-are/moma〕

47 Guardian News. From Pac-man to Portal: MoMA's video game installation-in pictures. 2012-11-30.〔http://www.theguardian.com/artanddesign/gallery/2012/nov/30/moma-video-games-pictures〕

48 Guardian News. Sorry MoMA, video games are not art. 2012-11-30.〔https://www.theguardian.com/artanddesign/jonathanjonesblog/2012/nov/30/moma-video-games-art〕

49 The New Republic. MoMA Has Mistaken Video Games for Art. 2013-3-13.〔https://newrepublic.com/article/112646/moma-applied-design-exhibit-mistakes-video-games-art〕

50 AFP BB NEWS〈紐約的ＭｏＭＡ展出《小精靈》等電子遊戲〉2013-3-4.〔https://www.afpbb.com/articles/-/2932100〕

另外，在以下網址還能收聽寶菈．安東納麗對收藏《小精靈》的相關言論。

Antonelli, P. Why I brought Pac-Man to MoMA. TED Talks. 2013-5.〔http://www.ted.com/talks/paola_antonelli_why_i_brought_pacman_to_moma〕

51 包含《小精靈》在內，ＭｏＭＡ許多特別的收藏都可以透過他們的網站（https://www.moma.org/collection/）觀賞。

## EPILOGUE

52 Gombrich, E. H. (1995). The Story of Art. 16th ed. Phaidon, London, P.15.

53 Stanford University. ‘You've got to find what you love,’ Jobs says. 2005-06-14.〔https://news.stanford.edu/2005/06/14/jobs-061505/〕

## 結語

54 森大廈於二〇〇七年透過網路對東京、紐約、倫敦、巴黎、上海等五座都市進行「藝術意識調查」。
森大廈股份有限公司（新聞稿）〈～東京、紐約、倫敦、巴黎、上海～國際都市藝術意識調查〉〔http://www.mori.co.jp/company/press/release/2007/12/20071219125700000125.html〕

# 作品資訊

【P.37】李奧納多．達文西《自畫像》一五一〇年左右，杜林皇家圖書館，杜林。
【P.58】亨利．馬諦斯《綠條紋的馬諦斯夫人》一九〇五年，丹麥國立美術館，哥本哈根。
【P.78】《奧羅》十九世紀，大英博物館，倫敦。
【P.95】帕勃羅．畢卡索《亞維農的少女》一九〇七年，紐約現代藝術博物館，紐約。
【P.112】《墓穴畫》西元前一四〇〇年代，大英博物館，倫敦。
【P.123】瓦西里．康丁斯基《構成第七號》一九一三年，特列季亞科夫美術館，莫斯科。
【P.146】長谷川等伯《松林圖屏風》十六世紀，東京國立博物館，東京。
【P.167】馬歇爾．杜象《噴泉》一九一七年。
【P.183】長次郎《黑樂茶碗　銘俊寬》十六世紀，三井紀念美術館，東京。
【P.197】傑克森．波洛克《第1A號》一九四八年，紐約現代藝術博物館，紐約。
【P.204】雷內．馬格利特《形象的叛逆》（又名《這不是一個菸斗》）一九二九年，洛杉磯郡立美術館，洛杉磯。
【P.227】安迪．沃荷《布里洛盒》一九六四年，紐約現代藝術博物館，紐約。
【P.242】岩谷徹《小精靈》一九八〇年，紐約現代藝術博物館，紐約。

# 參考文獻


・亞瑟・丹托《在藝術終結之後——當代藝術與歷史藩籬》山田忠彰監譯，河合大介、原友昭、粂和沙譯，日本三元社，二〇一七年。
・阿道夫・馬克斯・佛格特《西洋美術全史10　十九世紀的美術》千足伸行譯，日本 Graphic 出版社，一九七八年。
・恩斯特・宮布利希《藝術與錯覺》瀨戶慶久譯，日本岩崎美術社，一九七九年。
・恩斯特・宮布利希《藝術的故事》，台灣聯經出版，二〇二〇年。
・井口壽乃、田中正之、村上博哉《西洋美術史8　二十世紀——越境的現代美術》日本中央公論新社，二〇一七年。
・上野行一《我心中自由的美術——用鑑賞教育培養的能力》日本光村圖書出版，二〇一一年。
・神原正明《快讀・西洋美術——視覺與那個時代》日本勁草書房，二〇〇一年。
・克萊門特・格林伯格《格林伯格批評選集》藤枝晃雄譯，日本勁草書房，二〇〇五年。
・高階秀爾《二十世紀美術》日本筑摩書房，一九九三年。
・尼爾森・古德曼《藝術語言》戶澤義夫、松永伸司譯，日本慶應義塾大學出版會，二〇一七年。
・赫伯特・里德《透過藝術的教育》台灣藝術家出版，二〇〇七年。
・菲利浦・亞諾溫《提升學力的美術鑑賞　視覺思考策略——你為什麼這麼想？》大學藝術交流研究中心譯，日本淡交社，二〇一五年。
・藤田令伊《現代藝術　超入門！》日本集英社，二〇〇九年。

- 藤田令伊《藝術鑑賞　超入門！七個觀點》日本集英社，二〇一五年。
- 馬克思．弗雷德蘭德《藝術與藝術批評》千足伸行譯，日本岩崎美術社，一九六八年。
- 莫里斯．貝瑟《西洋美術全史11　二十世紀的美術》高階秀爾、有川治男譯，日本Graphic出版社，一九七九年。
- 山口周《為什麼世界各地的菁英要鍛鍊『美感』——經營上的藝術與科學》日本光文社新書，二〇一七年。

〔Special Thanks〕

自畫像　末永琢磨、太田莉那、富岡星來、加藤結佳子、伊藤暢浩、伊東佐高

（按 P.55 作品編號順序）。

此外，感謝學生們配合課堂上的活動提供許多寶貴意見。

# 知覺與表現的魔法

——佐宗邦威

以前的我一直認為，「表現就像是一種魔法，因為我做不到，所以我很羨慕那些會表現的人」。

如今我成立了BIOTOPE策略設計公司，為NHK教育台、NTT DoCoMo、Cookpad食譜筆記以及寶可夢公司等多家企業提供未來轉型——即「創新設計（Innovation Design）」的服務。

我過去曾到伊利諾理工學院的設計系留學，在那裡學習設計思考並於二〇一九年出版了一本著作，討論如何把個人的漫想具體化為願景。因此我認為，自己姑且也算是一個設計師，以身為表現者自豪。

坦白說，我在十三歲時美術是我最不擅長的科目之一。孩提時代的我與身邊的朋友們一起上補習班，全心投入名為考試的遊戲。我總是很在意升學考試要看的國、英、數、自、社的成績，實際上我也比較擅長這些科目。

另一方面，我對其他科目卻一直不得要領，其中最排斥的就是美術。儘管動手做的過程很開心，一旦看到手巧的人做的作品，就覺得自己做出來的東西實在是微不足道。

「因為不知道正確答案，所以不曉得該怎麼努力，也得不到成就感。而且，反正美術對升學考試也沒有幫助嘛！」我就這樣不停地安慰自己，在不知不覺間變得越來越討厭美術。現在想來，無論是在東京大學攻讀法律，還是擔任外資企業的行銷專員，背後或許都受到不擅長美術的心態影響。

這樣的我為什麼踏上了本書所定義的藝術家之路呢？關於這點，請參考拙作《高維度渴想：將直覺靈感，化為「有價值」的未來思維》。如今想起來，其中似乎存在著某種時代的必然。

我們現在的生活雖然有網路時代、資訊革命時代以及VUCA時代等各種說法，但如果讓我來說，我認為我們身處在一個人與人之間緊密連結，因為彼此相互影響而變得變化莫測的世界。

在這個結果無法預測——也就是所謂的複雜系統社會下，我們不能期待所有人一致認同某個不變的價值觀。客觀的正確答案——也就是作者所說的太陽正逐漸消失，抑或是世界上存在正確答案的想法其實從頭到尾都是幻想。或許我們應該說，網路的誕生讓人們不得不接受世界的多樣性，才導致不存在正確答案這件事情不證自明吧。

那麼，人或組織要如何在這樣的社會生存下去呢？若姑且先就商業界來看，與尋求創新的思考方法和步驟，以及能力養成等正確答案的普及形成對比，業界出現了重視個人主觀的潮流。

設計驅動的創新（Design Driven Innovation）、藝術思考（Art Thinking）及願景思考（Vision Thinking）等等的共通核心，在於不迎合瞬息萬變、充滿不確定性的外在環境，而是面對自己的內心，靠自己創造答案的態度。用作者的話來說，就是不找太陽，而是自己創造雲朵的方法。

實際上，在現代的商業環境，不論是商品還是服務，都會因為能讓多少人產生共鳴並採取行動，而大大地左右結果。「反正這不過是你的妄想而已吧！」被如此批評的創意最終卻擁有改變世界的能量，這樣的案例並不少見。相反地，那些從一開始就以追求正確答案為目的而推動的企劃，反而都進行得不太順利，也發展不出太大的規模。

若現代社會這場遊戲存在著某種規則，肯定只有一條，那就是會表現者得天下！即使在商業界，那些洞察力敏銳的人也開始注意到這件事，正因如此，藝術觀點現在才會被拿出來重新檢視。

另一方面，提高內心妄想的解析度，將其作為願景表現出來的方法不僅適用於商業脈絡，當我們在思考該如何度過這個沒有正確答案的百歲時代時，藝術家的生活方式是一個強而有力的選項。這不一定只有成為職業藝術家才能辦到。關於這種生活方式，作者在終章如此描述：

「以自己的興趣或好奇心為開端，用獨到的觀點洞察世界，跟隨好奇心恣意探索，最後創造出屬於自己的答案——只要做到這些，每個人都可以是藝術家。」

然而，我們究竟該怎麼做才能活得像個藝術家呢？本書為像我一樣懷抱著覺得自己不擅長美術的心態長大的人提供了一張鼓舞人心的處方箋，而這正是藝術思考以及作者所說的自我觀點。

我們的思考是由基於內心概念的理論模式與尚未概念化的感性模式所組

成，如果把後者解釋成身體的感覺和視覺、聽覺等無法言喻的感受，應該就比較好懂了吧。

為了活用創造力創造自己的答案，我們必須讓善於雄辯的理論模式安靜下來，仔細傾聽來自感官或直覺的感性模式在說什麼。不過，如果讓這些內容一直停留在不清不楚的知覺，無論過了多久都不可能將它們表現出來，因此我們必須按照先感受，再轉化成語言（知覺↓表現）的順序來了解世界。

我們公司在參與企業的創新計畫時，也一定會把作為輸入的知覺與作為輸出的表現納入重點。進行這種腦力激盪時，藝術作品是最棒的材料，相信讀完本書的讀者們應該都已經充分體驗過了吧。

因為這些緣故，如今藝術的應用不論在商業領域或生活領域都成為一股巨大潮流。但是另一方面，我認為人們必須拋棄「鑑賞藝術作品需要一定的素養」這種觀念。作者也說過這種想法本身並沒有錯，因為藝術史是人類在各個時代打破價值觀的過程，比起單純欣賞作品本身，先了解背景知識才能真正欣賞到其中的精髓。

然而，這種基於素養的鑑賞方法相當於「從接近山頂的陡坡」接觸藝術，對於正準備挑戰藝術這座高山的初學者來說，直接踏進這種高難度的山路絕非上策。「人們應培養藝術素養！」打著這種口號的藝術潮流不但無法培育出藝術思考的實踐者，反而會量產更多追求正確答案的評論家。

我認為最適合藝術初學者的起點，是實際用自己的眼睛仔細觀察，或者是不管做得再差都沒關係，總之先用自己的雙手表現。

在美術館等地用心鑑賞作品，自然會把意識導向自己的感受，在日常生活中也會更容易切換成感性模式。如果多少有一點表現經驗的話，除了能夠體會作品的厲害之處，應該也更容易想像作品的背景或製作過程吧。對於那些即將站上起點的人來說，這本書絕對是一本可靠的指南。

關於藝術思考的適用範圍，我在教育這個領域也看見了可能性。如果您是孩子已經長到一定歲數的讀者，不妨試著製造機會，陪孩子閱讀藝術讀物，並同時分享彼此的感受。在家裡陪孩子玩樂高積木，或利用廢棄物來創作時，試著搭配本書中的「為什麼這麼想」和「對此怎麼想」這兩個問題，或許也是不錯的方法。

青砥瑞人先生在加州大學洛杉磯分校（University of California, Los

Angeles，簡稱UCLA）鑽研神經科學，並成立以「大腦×教育×資訊科技」為主題的新創公司，這樣的他據說曾經為了一、兩個月大的女兒，在家裡舉辦「一週美術展」。

第一週是克林姆（Gustav Klimt），第二週是畢卡索，像這樣每週決定一個主題，把作品印出來展示在女兒的床邊。這個主意也很有趣吧。

我本人除了決策設計師這個本行之外，還另外開設了一間教學工坊，教導孩子們把未來願景實際化成作品表現出來。雖然人們總說：「現在的小孩沒有夢想。」但只要試想就會發現，就連我們這些大人也想像不到十年後的自己會從事哪一行。在這樣的情況之下，要求孩子們選擇理想職業的行為本身根本是無稽之談。

不如說，今後孩子們所需要的不是從既有的職業裡挑選正確答案的能力，而是根據自己的願景或夢想創造新職業的能力才對。

二〇一九年底，我在兵庫教育大學附屬小學開了一堂「未來設計課」，請學生們畫出他們每一個人自己的願景。這是我近幾年來最能強烈感受到未來充滿希望的一次經驗。我將學生分成兩人一組，請他們互相訪問對方，例如「小時候喜歡什麼」，或是「如果可以在三年內花掉一百億圓，你會用這些錢做什麼」等等。接著再請他們根據這些答案，用樂高或圖畫表現出自己想創造的世界。以下是一名參加過課程的六年級學生的感想：

「為了參加國中升學考試，我在暑假之前一直都在補習。整理筆記時我習慣用畫圖的方式記憶，但老師卻要我少畫圖，多做題目。我照著老師說的做，成績卻每況愈下。母親對我說：『今年的暑假你可以不去補習。最後這段時間，要不要用自己的方法讀書，試試看這樣可以考幾分？』結果公布成績時，我考到全班第二名。自從不補習以後，我很擔心自己用錯讀書方法，也想過要放棄升學，另外尋找其他想做的事。上了佐宗老師的課，他教我們要經常動手把想法畫出來，所以我終於對自己的讀書方法有信心了！（中略）我在這天思考了很多平常根本不會想到的事。謝謝老師的教導。」

即使是在小學低年級時可以自由感受、恣意表現的孩子，一旦升上高年級，也會因為自我意識的提升與社會化的影響，少了誠實面對自己的機會。除此之外，他們也有可能會為了補習或準備升學而拋棄自己的創造模式。

「該如何培養孩子的創造力？」這個問題讓教育第一線的老師們傷透了腦

筋，只要為人父母一定也都希望自己的孩子擁有豐富的創造力。因此，請意識到這點的各位父母或師長們重新學習藝術思考的意義十分重大，倘若各位還能讓所學波及孩子，想必這個國家富有創造力的人口將會越來越多吧。

關於這點，美術這門科目擁有極大的可能性。美術課本應像是一間工坊，讓學生從他人的表現裡汲取靈感，同時相信自己內心的感受，表現自己的願景。如果作者實踐的教育方法能夠在教學現場影響更多人的話，或許有一天美術課會變成未來創造課也說不定。

二〇一九年四月寶可夢公司的小杉要先生聯繫我，說想請我看一樣東西。負責新企劃的小杉先生與我是 BIOTOPE 公司共創計畫的長期合作夥伴，沒想到他的太太竟然就是本書的作者——末永幸步。

拜讀完末永小姐的作品，我驚訝得久久不能自已，覺得這正是現今社會所需要的東西，因此立刻把她介紹給鑽石出版社的藤田悠先生。正如字面上的意思，藤田先生是與我共創了《高維度漫想》的編輯，他跟我有相同感想，因此促成本書的問世。

這本書表現了末永小姐的願景，是她的漫想經過願景驅動（Vision Driven）後誕生的藝術作品。作為源頭的書稿透過小杉先生這位願景夥伴進入世界，再與因為《高維度漫想》而擁有共同願景的我和藤田先生產生接點，最終具體化為這本書，這件事讓我感到無比喜悅。

衷心期盼本書能夠為人們解放被封印的知覺與表現的魔法。

〔解說者簡歷〕

佐宗邦威——BIOTOPE股份有限公司董事長，決策設計師，多摩美術大學特聘副教授，大學院大學至善館副教授。

東京大學法律系畢業，伊利諾理工學院設計研究所（Master of Design Methods）及設計系畢業。曾任職P&G、Sony，後成立BIOTOPE共創型創新公司。著有暢銷作品《高維度漫想：將直覺靈感，化為「有價值」的未來思維》等書。

# 藝術思考的課外活動！

與藝術作品的相遇是培養藝術思考的最佳時機，請大家有意識地接觸藝術，找回屬於自己的觀點和思維喔！作為帶領大家進行藝術思考的小撇步，這邊彙整了在藝術思考課介紹過的幾個鑑賞方法。

## 初級　輸出鑑賞（P.61）

方法

觀察作品，輸出自己的發現或感受。

輸出鑑賞必須用自己的眼睛或其他感官觀察作品，換句話說，這是展開藝術思考的起點。

就算從簡單的小地方開始輸出也沒關係，如果有其他人一起，那就大聲說出想法。如果只有自己一個人，也可以用筆記或手機記錄答案。

若想讓輸出的內容繼續擴大，搭配「為什麼這麼想」和「對此怎麼想」這兩個問題（P.124）也是很有效的方法。

## 中級　與作品的互動（P.135）

方法

看著作品本身，在無關乎作者意圖和說明的狀態下用心感受或思考作品。

不需要與所有作品互動，就跟在聽音樂時，我們也不會把所有歌曲照單全收一樣。

首先心情輕鬆的憑感覺欣賞藝術作品，如果遇到不太喜歡或是吸引你的作品，再停下來問自己有什麼感受，這個感受就是屬於你的答案。

這裡請完全無視作者的意圖、標題和說明，因為你的主觀解釋將為作品創造更多的可能性。

另外，也推薦大家用作品編出一則短篇故事（P.141）。

## 中級　打破常識的鑑賞

方法

試著刻意從不同角度觀察作品。

・如果把作品當成物質來看的話？（P.207）

・如果當成行動軌跡來看的話？（P.216）

・如果用視覺以外的方法來鑑賞的話？（P.178、P.187）

請不要總是盯著作品中的圖像不放，偶爾也試著從這些角度觀察作品吧！不同以往的角度也許會帶來新的發現，並刺激出屬於自己的答案。

只要試著刻意脫離畫中的圖像，除了上述三種方法之外，搞不好還能找到其他打破常識的鑑賞方法喔！

上級 **與背景的互動**（P.133）

方法

了解作品的背景之後，試著以自己的觀點思考。

與背景的互動正是我們在閱讀這本書時所做的事，也是最適合培養藝術思考的方法。不過，光從美術館放在作品旁邊的說明或語音導覽，實在很難導出屬於自己的答案。

因此，已經讀過一遍的讀者，要不要試著把本書當成工具書，和親朋好友一起進行書上的活動呢？

比方說，對於每堂課的回顧提問，你可以把自己的答案實際寫下來，或是在讀完本書之後，重新挑戰「動手做做看」的習作單元，這些都有助於強化自己的觀點。本書在每一課開頭提出的問題並沒有標準答案，因此非常適合大家展開自己的探究。

再強調一次，這些鑑賞方法並不是更了解藝術的手段，而是透過接觸日常以外的刺激，思考平常根本不會想到的事情，培養藝術思考的方法。希望大家在找回藝術思考的能力之後，讓專屬於你的藝術植物在自己生活的世界裡成長茁壯！

國家圖書館出版品預行編目資料

商界菁英搶著上的六堂藝術課：30 幅全彩名畫 X 6 大關鍵字 X 6 大習作，扭轉框架限制，建立觀點，快速判斷，精準決策 / 末永幸步作；歐兆苓譯．-- 初版．-- 臺北市：三采文化股份有限公司，2022.2
面； 公分．-- (TREND；73)
ISBN 978-957-658-668-2（平裝）

1. 商業管理 2. 創造性思考 3. 藝術

494.1 110015916

suncolor 三采文化集團

TREND 73

# 商界菁英搶著上的六堂藝術課：

## 30 幅全彩名畫 X 6 大關鍵字 X 6 大習作，扭轉框架限制，建立觀點，快速判斷，精準決策

作者｜末永幸步　譯者｜歐兆苓
日文編輯｜李媁婷　校對｜黃薇霓　版權經理｜劉契妙
美術主編｜藍秀婷　封面設計｜高郁雯　內頁排版｜陳佩君

發行人｜張輝明　總編輯｜曾雅青　發行所｜三采文化股份有限公司
地址｜台北市內湖區瑞光路 513 巷 33 號 8 樓
傳訊｜TEL:8797-1234　FAX:8797-1688　網址｜www.suncolor.com.tw
郵政劃撥｜帳號：14319060　戶名：三采文化股份有限公司
本版發行｜2022 年 2 月 18 日　定價｜NT$480